U0299522

THE
FUTURE
WE
CHOOSE

我们选择的未来

"碳中和"公民行动指南

[哥斯]克里斯蒂安娜·菲格雷斯
[英]汤姆·里维特-卡纳克
著

王彬彬 译

Christiana Figueres
Tom Rivett-Carnac
Surviving
the Climate Crisis

中信出版集团 | 北京

图书在版编目（CIP）数据

我们选择的未来："碳中和"公民行动指南 /
（哥斯）克里斯蒂安娜·菲格雷斯，（英）汤姆·里维特-
卡纳克著；王彬彬译 . -- 北京：中信出版社，2021.6
　书名原文：The Future We Choose：Surviving the
Climate Crisis
　ISBN 978-7-5217-3127-9

　Ⅰ.①我… Ⅱ.①克… ②汤… ③王… Ⅲ.①气候变
化—研究—世界 Ⅳ.① P467

中国版本图书馆 CIP 数据核字（2021）第 088709 号

我们选择的未来——"碳中和"公民行动指南

著　　者：〔哥斯〕克里斯蒂安娜·菲格雷斯　〔英〕汤姆·里维特-卡纳克
译　　者：王彬彬
出版发行：中信出版集团股份有限公司
　　　　　（北京市朝阳区惠新东街甲 4 号富盛大厦 2 座　邮编　100029）
承 印 者：北京诚信伟业印刷有限公司

开　　本：787mm×1092mm　1/16　　印　　张：15.5　　字　　数：132 千字
版　　次：2021 年 6 月第 1 版　　　　印　　次：2021 年 6 月第 1 次印刷
京权图字：01-2020-5071
书　　号：ISBN 978-7-5217-3127-9
定　　价：65.00 元

谨将此书献给克里斯蒂安娜的女儿奈玛和伊哈娜、汤姆的女儿佐伊和儿子阿瑟，以及将要生活在我们选择的未来的子孙后代。

我们不要祈求躲避危险，

而要在面对危险时无所畏惧。

　　　　　　　　　　——泰戈尔

目录

第一部分
两个世界

第一章　最后的窗口期　　　　　
日益严重的破坏将是整个地质时代的主旋律。但我们还有机会塑造更清新的世界。

第二章　大崩溃——当下的世界　　　　　
如果各国未能控制排放，迎面而来的就是空气问题、全球变暖、极旱和极热、抢水之战、经济崩溃与内乱。

第三部分
十大行动

译者序
从气候变化中见世界，见草木，见你我

2018 年 12 月的最后几天，我参加了一个叫"家园归航"的项目，去南极学习考察，在穿越德雷克海峡的风浪中完成了跨年，和来自 20 多个国家的 90 位不同学科的女性科学家一起摇摇晃晃地走进 2019 年。

这本书的作者之一克里斯蒂安娜·菲格雷斯也在这艘船上。

在南极与世隔绝的三周里，我们一起交流、学习，在世界尽头拥抱内心的真实自我和彼此，找到照亮人生前路的北极星。

从南极回来，我找到中信出版社，想和队友们合写一本书，通过分享 20 个投身于气候变化和自然保护领域的女性科学工作者的自我探索与成长的故事，帮助更多人看见人生的更多可能。有一天，中信出版社的编辑反过来问我："认

识菲格雷斯吗？有没有兴趣翻译她的新书？"我的第一感觉是缘分真是妙不可言，于是想都没想就答应了。

在全球气候治理进程中因为个人能力、人格魅力和杰出领导力而赢得世界各国尊重的人不多，菲格雷斯是其中之一。

《联合国气候变化框架公约》（后文简称"《公约》"）秘书处是协调 190 多个国家围绕气候变化议题开展国际谈判的机构，2009 年年底，在哥本哈根举行的联合国气候谈判没有达成期待中有法律效力的国际协议，使气候治理跌落谷底。菲格雷斯临危受命，从 2010 年起执掌《公约》秘书处，凭借她对世间的大爱和对事业的激情，一点点沟通、协调、推进，付出巨大的耐心，尝试不同的方式，把各国代表重新请回谈判桌前，于 2015 年推动达成人类发展史上具有里程碑意义的《巴黎协定》。

使命既达，菲格雷斯于 2016 年卸任。

我是从 2009 年的哥本哈根谈判开始跟进研究全球气候治理问题的。2010—2016 年，我与菲格雷斯有多次交集。她引用我的数据，我引用她的金句，我们真算是全球气候治理大战壕里的"老战友"了。菲格雷斯学的专业和能源气候无关，而是人类学。这不但没有影响她的专业性，相反，正是她的人类学背景帮助她在复杂的国际谈判中保持清醒，从人性出发与他人建立联结，懂得表达爱与尊重，感受对方的情绪并及时调整自己的反应。

在南极的三周里，我们有机会长谈，铿锵玫瑰自有温暖的花香。我从当时的日记里找出下面这些对话：

问：在你执掌《公约》秘书处的 6 年里，我看到你好几次流泪，作为公众人物，你怎样做到保持真实自我呢？

答：不能总是公私分开啊，我们是整合的人，应该过整合的人生。2009 年哥本哈根谈判失败后，我的目标就是让气候旗帜还飘在那里，应对气候变化是我的使命、我的热情。虽然我知道人们在谈判桌上还是僵持着，我知道还有很多艰难的任务，但这不代表我不可以暴露我的脆弱性。事实上，我是联合国高级别代表里哭得最多的那一个，但我的眼泪都是关于气候事业的。比如谈到气候变化对儿童和下一代的影响时，我会哭。没有人质疑过我为什么哭，每次我哭，现场都一片寂静。我就在寂静里平复自己的情绪。我也学会在眼泪中组织自己的语言，学会含着眼泪讲完自己的观点，学会控制自己的眼泪和情绪。只要你肯定自己可以控制住眼泪，能流着眼泪讲完自己的话，你就可以随时随地暴露自己的脆弱。

我知道自己是公众人物，但这只是个符号，只是我的角色。我们自始至终都是人，我可以把真实的脆弱一面展现给大家，大家可以理解和接受，并且会更加支持我。

问：你在《公约》秘书处管理 500 人的团队，是怎么做到的呢？

答：当初到联合国上任的时候，我邀请大家来我办公室，告诉大家我面前有一个巨大的任务需要他们齐心协力完成，请他们保证，在团队的每一次会议上，我都能听到他们的声音。因为没有人愿意让团队成员用自己不喜欢的方式来合作，所以我需要直接与大家相处，听大家的所思所想，讨论、交流，而不是直接给出结论。

巴黎谈判的最后几天，我的团队每周工作 70 个小时，不睡觉，没有加薪。怎样动员他们呢？首先，大家都是人，都有大脑、身体、家庭、个人情感。我的办公室的门基本都是开着的，不管是清洁工还是保安，他们只要想进来谈就都可以进来。我想我得有多荣幸，才能让他们愿意和我分享他们的故事——各种各样的故事。通过这种方式，我认识了他们，知道了他们的压力，了解了他们的能力。人类是一个整体，而不是个体。应对气候变化是我的激情所在，它可以不是你的激情所在，但大家要意识到气候变化的威胁是我们要共同面对的，而且是我们的全职工作。对内，我会利用每个机会去建立好的关系；对外，我有法律顾问，我会尽力扩大圈子，认识我能认识的人，和他们做朋友。

问：怎么协调那么多国家的人走到一起呢？

答：语言是很重要的。如果我说你是我的敌人，我们就完全没有办法对话。我们都喜欢人类和谐发展，男人和女人应该一起往前走，不应该只是男人当领导，或者只是女人当领导。女人更擅长讲故事，关心人类，关心孩子，这是我们的长项。男人也有他们的长项。对于自己的人生和全球治理，我都是执着的乐观主义者，这种乐观不是结果，而是一种选择。

问：怎么能让化石能源企业实现绿色转型呢？

答：如果有 50 年时间来改变气候变化，我可以说，来，我们先研究一下。现在，我们绝对没有 50 年。我很荣幸与很多私营部门合作，但真正承诺为可持续发展努力的，当时确实不多。现在情况不一样了，每家企业都希望能生产更好的产品，招聘更好的员工。因为 25~30 岁的人很希望找到真正有责任感的公司，这些公司如果想招聘真正有能力的人，就要认真承诺并履行职责。化石能源企业确实知道自己的未来是不光明的，所以它们转型最快，正在重新规划自己的未来。

问：你最自豪的是什么？

答：是我的女儿们啊。2015 年巴黎谈判，我带她俩一起去了，我们住在一起，但我每天只能凌晨回房间快速洗个澡换身衣服。我每次回去时，她们都睡了，但我的床头会有心形蜡烛、鼓励的卡片和"妈妈，我们爱你"的留言，每次都不重样。在那个艰难的时刻，是她们的支持让我挺了过来。

问：有什么事让你觉得挺好玩儿？

答：我发现自己还有很多局限性，这件事让我觉得很有意思，也有很多动力继续去探索和完善自我。哈，你知道吗？我正在学四弦琴呢！

看，这就是本书的作者之一，温暖可爱的、活生生的菲格雷斯。

不过，一位人类学家怎么甘心写一本干巴巴的科普书呢？所以，这本书可不是只告诉你什么是气候变化，什么是碳中和，而是在科学之间见世界，见草木，见你我。

我们在阿根廷乌斯怀亚第一次见面的时候，她说："我们来到这里，是为了我，为了我们，为了我们共同的世界。"

现在，我想把这句话送给你。亲爱的读者，当你打开这本书读下去时，你会明白这句话的含义。

对了，菲格雷斯在卸任执行秘书后可没闲着，她和这本书的另一位作者汤姆联合创办了一家名为"全球乐观"的组织，并且开通了一档全球广播节目《乐观与愤怒》，继续在不同的平台上积极发声，呼吁人们参与气候事业。她拿出宝贵时间写了这本书，我猜也是想以书会友，希望读完这本书，气候事业里能多一个心有正念的你吧。

如果你看完手头这本《我们选择的未来》意犹未尽，我推荐你去看这本书的"姊妹篇"《我们选择的自己》。对，就是开头我提到的和南极队友们一起出的书。菲格雷斯在那本书的推荐语里说：

> 这是一本"转型之书"。通过书中的人物故事，你可以学到新知，收获勇气。更重要的是，这本书会启发你的自我认知之旅，使你发现你的人生也有更多可能。

谢谢菲格雷斯，你给我们的推荐语，正是我们想推荐你的书的理由。

通往碳中和世界的大门已然开启，我们选择的自己，将携手走向我们选择的未来。

另一个世界不仅存在，而且就在前方。

是为序。

王彬彬

世界大学气候变化联盟执行秘书长

清华大学气候变化与可持续发展研究院院长助理

2021 年 4 月 9 日

序
积极应对气候变化

在这个星球上，我们俩是好朋友，也是同行者，但是我们在很多方面有所不同。我们出生在两个不同的地质时期。克里斯蒂安娜生于 1956 年，那是一个长达 1.2 万年的全新世①结束的年代，气候稳定，人类得以繁衍生息。汤姆则出生在 1977 年，是人类世②开始的年代，而它的特征是，人类正在毁灭曾让我们繁荣的环境。

我们来自地缘政治地图的两边。克里斯蒂安娜来自哥斯达黎加——一个长期以来依靠与自然和谐相处的经济增长模式发展的国家。汤姆则来自英国——世界第五大经济体，工业革命的发源地，高度依赖煤炭。

---

① 全新世是最年轻的地质时代，从 11 700 年前开始。根据传统地质学观点，全新世一直持续至今，但也有人提出工业革命后应该另为人类世。——编者注
② 人类世是指地球的最近代历史，人类世并没有准确的开始年份。——编者注

克里斯蒂安娜来自一个深度政治化的家庭，他们全家是移民到哥斯达黎加的。她的父亲曾三次担任哥斯达黎加总统，被认为是"现代哥斯达黎加之父"。他不仅启动了一些影响世界的最深远的环境政策，而且至今仍是唯一一位废除了国家军队的国家元首。汤姆则来自一个沉浸于英国历史、植根于私营企业的家庭。他是东印度公司创始董事长的直系后裔，而当时的东印度公司是历史上唯一一家拥有私人军队的公司。汤姆最早的记忆是和作为石油地质学家的父亲一起寻找石油的经历。

克里斯蒂安娜有两个已成年的女儿；汤姆有一个女儿和一个儿子，两个孩子都不到 10 岁。

可以说，我们几乎没有共同之处，但是我们都高度关注人类和子孙后代的未来。2013 年，我们决定为了给孩子们争取更好的世界而一起开展工作。

2010—2016 年，克里斯蒂安娜是《联合国气候变化框架公约》秘书处的执行秘书长。《联合国气候变化框架公约》秘书处是世界各国应对气候变化问题的枢纽协调机构。在 2009 年于哥本哈根举办的联合国气候变化大会上参会国不欢而散之后，克里斯蒂安娜认为谈判责任重大，坚信达成全球协议还是有可能的。

2013 年，克里斯蒂安娜听说了汤姆的故事。汤姆那时候是美国碳信息披露项目的主席和首席执行官，还曾是佛教僧侣。克里斯蒂安娜被汤姆非同寻常的丰富经历吸引，邀请他到纽约，问他是否愿意加入她在联合国的工作。

二人在曼哈顿漫步结束时，克里斯蒂安娜对汤姆说："我非常清楚，你没有这份工作所需要的相关经验，但是你有一些更重要的特质，那就是培养集体智慧的谦逊和在异常错综复杂的环境中工作的勇气。"

为此，她邀请汤姆作为她的首席政治战略官加入联合国推动《巴黎协定》谈判的努力。他设计并领导了高度隐蔽的"海啸倡议"，动员了国家政府以外的众多利益相关者支持《巴黎协定》的宏大目标。几年后，最深远的气候变化国际协议——《巴黎协定》——终于达成了。

2015 年 12 月 12 日晚上 7 点 25 分，当《巴黎协定》通过时，现场 5 000 多位各国代表欣喜若狂地从座位上跳起来，兴奋地庆祝这一历史性突破。195 个国家一致接受用《巴黎协定》来指导其未来 40 年的经济发展。新的全球发展路径被绘制出来了。

但是，路径只有被实际运用，才有价值。在气候变化问题上，人类拖延了太久，现在我们要走上应对之路，或者更确切地说，我们要跑步前进了。这本书描绘了这条跑道，希望你们能和我们一同起跑！登录 www.GlobalOptimism.com 加入我们吧。

前言
决定性的十年

疫情后的思考

    本书是在新冠肺炎席卷全球之前写的。事实上，我们只完成了计划为期一年的巡回售书活动的前三站，就各自匆匆赶回哥斯达黎加和英国开始居家隔离了。从那时起，我们惊讶地发现这本书中许多描述反乌托邦和理想社会的内容突然变得明朗起来，并彼此形成鲜明的对比。因此，我们比以往任何时候都更坚定地引导人们谨慎选择未来生活，而不至于茫然失措。

    这十年刚刚开始，我们就面临着前所未有的考验。无论是孤独、恐惧、悲伤、兴奋、希望还是感激，我们都要适应这种高度敏感的状态——两个相互矛盾的现实在争相吸引我们的注意力。

    其中一个现实是人们的健康和福祉所依赖的全球公共资

源——森林、海洋、河流、土壤和空气——在不断地被消耗和退化。我们看到，虽然人们的活动正在改变大气层的化学成分，使地球升温，以致将地球的生态系统推向崩溃边缘，但为了追求经济增长，人们仍在无节制地开采和燃烧化石燃料。这十年从最初开始就不顺利，新冠疫情、学校停课和工作场所封锁暂时转移了人们对长期挑战的注意力。然而，事态依然严峻，长期挑战仍然存在。虽然 2020 年的温室气体排放明显减少，但同时这一年也打破了纪录，成为地球上最热的一年。

虽然许多人仍然没有意识到地球生态系统遭到破坏的程度，甚至有些人选择对其视而不见，但现在每个人的生活都受到了影响。物种灭绝、超级风暴、热浪、干旱、火灾及其为人类带来的灾难和经济损失，都已然成为引发政治和社会动荡的根源，使数个世纪以来的不平等和人权暴行日益加重。人们可能认为这些问题都是独立存在的，但实际上它们相互关联。

人们不能对痛苦充耳不闻或视而不见。或者说，如果人们依然不思悔改，那么人类就可能会走向灭亡。人们依然没有充分认识到对自然栖息地的逐渐破坏与我们能否确保后代子孙的健康和安全、继续生存、居住在海岸线地区、保护家园的完整性之间的联系。

这是一个令人难以接受的现实，但我们仍然需要面对。我们如果不勇敢面对，就无法理解许多人无法摆脱这种绝望的心情。

已做的努力

同样地，我们必须勇敢地坚定信念：尽管现实如此，但我们确实要反省自己，并采取强有力的措施。得益于令人震惊的科学数据，以及各行各业对做出改变的迫切需求，现在社区、公司、城市甚至国家政府都在积极应对气候和地球危机。 我们依然记得，某个星期五上午 10 点，一个 12 岁的女孩和她的朋友们举着一个地球被红色火焰笼罩的手绘标志，在华盛顿特区第 16 大街游行。我们依然记得，在英国伦敦，身着黑衣、头戴警用防暴头盔的成年示威者在皮卡迪利广场组成了一条人链，阻断了交通，而英国石油公司总部门前的人行道上也聚集着众多游行示威者。我们依然记得，在韩国首尔，街上挤满了背着五颜六色的书包的小学生，他们手举用英文写着"气候罢工"的横幅，来吸引媒体的注意。我们依然记得，在泰国曼谷，数百名青少年学生走上了街头，他们态度坚决，心情沉重，跟随在抗议领袖身后，这个领袖是个 11 岁的女孩，手中举着写有"海平面上升，我们要抗议"的牌子。

从印度寻求独立到美国的民权运动，公众的反抗往往在不公正的统治让人忍无可忍时爆发，现在在气候变化问题上正是如此。新冠疫情给人们带来的痛苦和折磨，令人无法接受的代际不公平，以及对弱势群体的不友好已经打开了抗议的闸门。通过网络或走上街头游行示威的年轻人、不断变化的客户和股东要求、诉讼、抵制、投票的选民等发起的抗议正把气候行动和意识推向新的高度。此外，瞬息万变的经济环境使气候危机的解决方法变得更具吸引力，有力促进了政策制定者思考和进一步实施符合人们需求的政治和系统变革。

2015 年 12 月，世界各国政府历史性地一致通过了《巴黎协定》，多数政府以创纪录的时间将其批准生效。《巴黎协定》制定了应对气候变化的统一战略，如今世界上各个大国已经计划将其能源系统完全过渡到可再生能源，包括中国和美国等主要经济体。拜登总统在上任第一天就宣布重新加入《巴黎协定》，将气候问题作为其政府议程的重中之重，并承诺在 2050 年左右达到净零排放，同时还有超过一千家巨头公司已做出净零排放承诺。一些公司和政府计划争取在2050年前达到这一目标，而实际上一些公司已经实现了这个目标。石油天然气公司不得不在之前无法想象的时限内重新考虑未来发展，部分原因是新冠疫情造成的需求低迷，以及替代方案风险迅速减小且越来越有竞争力。大多数主要投资者认为，煤炭投资已然不合时宜，因为世界上大多数国家都在利用最便宜的新型能源——太阳能和风能来进行发电。高碳投资正在向低碳投资转型。人们正坚定地走在彻底改变生产和消费能源的方式的发展道路上，这种改变尽管才刚刚开始，但已经对工业、运输和农业部门产生了深远影响。

许多人认为，这种转型姗姗来迟，而且考虑到危机的规模，应对危机的目标、指标未能得到有效、逐级的设定。毕竟，至少从20世纪30年代起，我们就意识到了发生气候变化的可能性，并且从20世纪60年代开始，当地球化学家查尔斯·基林检测到地球大气中的二氧化碳含量在逐年上升时，这种可能性被进一步确定了。[1]大多数政府还在对是否采取应对措施犹豫不决时，环保人士和气候活动家已经在努力推动实施必要的应对措施，直至全球各国积极采取措施，迅速推动解决方案的制订。变化通常是逐渐产生进而爆发的过程，而人们在应对气候变化方面同样也是如此。全球各国"突然"

一致采取气候行动方案，这是迄今为止最激动人心的经济转型。

这两个相互矛盾的现实——反乌托邦的现实和可再生的现实——以及它们各自的潜在发展趋势正在齐头并进，不过目前大多数人更认同第一个发展趋势。如果把这两种现实想象成图表上的时间线，我们相信此时此刻，即这关键十年的开始就是我们最终到达十字路口的时候。此刻，人们保护和恢复全球公共资源的觉醒意识逐渐超越了破坏速度。正是这两种意识的觉醒促成了这种独特地令人兴奋而倍感荣幸、令人困惑而又振奋的时刻。

此刻，我们要为自己想要的未来做出改变，而且现在我们身后有无数人在支持我们。目前，我们已经取得了社会和政治上的成功，拥有所需的大部分（即使不是全部）技术，拥有必要的资本，并且知道最有效的政策。因此，我们一定可以做出我们所需要做出的巨大改变。

转折点

当我们站在未来，回首这十年时，就像历史学家看待文艺复兴、启蒙运动或数字革命一样，我们会看到这是一个真正的转折点：我们（在理性、科学、技术和人文主义哲学的基础上）有机会利用大自然赐予的一切，彼此互助实现独立，并有意识地直接改变发展道路的转折点。

这是一个人类活动产生的温室气体排放开始下降的转折点：这种下降可以增加新的就业机会，改善人们的健康，提高能源和食品安全，使人们能呼吸更清洁的空气，并促进生物多样性和人类的发展。这是人们最终意识到我们足够热爱生命、自己和其他人来拯救自己的时刻。

我们两个人站在一起，一个愤怒，另一个乐观。我们的脑子里嗡嗡作响，为仍然可以实现的事情而感到兴奋。我们希望你和我们一起面对面前的两个现实，并通过强乐观思维，为实现我们所需的变革尽自己的一份绵薄之力（我们已经写了一整章的篇幅来阐述如何保持强乐观思维）。

如何在一颗欣欣向荣的星球上实现每个人的福祉，将是这本书中最感人的一章，也是我们共同书写这一令人振奋的篇章的动力。

第 一 部 分

两个世界

我们正在创造的世界，会导致温升超过 3 摄氏度，生物多样性遭到毁灭性破坏，我们和子孙后代的生活会非常悲惨。我们必须创造的世界，需要把温升控制在 1.5 摄氏度以内，这是一个人与自然和谐相处的美好世界，是我们能够也需要塑造的世界。

第一章
最后的窗口期

地质时期是漫长而缓慢的，或者至少说它之前是这样的。以冰期为例，在这一时期内，广阔的冰川覆盖着北纬大陆的大部分地区。在我们星球的历史中，冰川缓慢地来来去去。上一个冰河期持续了约 260 万年。由于地球气候的自然影响，地球上的气温开始慢慢升高，我们慢慢离开了冰期，来到了跨越 1.2 万年的全新世。在全新世，气温条件相对稳定，温度仅在平均值上下波动 1 摄氏度，这种情况一直持续到 20 世纪。[1]

在那个地质时期，温度、降水及陆地和海洋生态系统达到了有利于人类繁衍和健康的自然条件的"甜蜜点"。稳定的环境使生活在小部落里的约 10 000 人得以开始过定居的生活，进化出农耕文明和定居者，并最终发展出以工业和机械制造为支撑的城市。环境还使人类生生不息，人口增长到目前的 77 亿。[2]

在全新世，"生命创造了有利于生命的条件"。[3]我们本可以在那个地质年代继续生活，但是我们没有。[4]

在过去 50 年里，我们严重破坏了这个蓝色星球的环境整体性，并对人类自己的永续生活构成了威胁。后工业革命的生活方式已经导致人类对自然系统造成了巨大的破坏，主要是因为对化石燃料的无节制开采使用和大量的毁林行为。今天大气中聚集的温室气体浓度超出了冰期之前的任何时候的情况，[5]导致极端天气事件在全球范围内越来越频繁：洪水、热浪、干旱、野火和飓风。世界上一半的热带雨林已经消失了，而剩下的以每年 1 200 万公顷的速度在消失。以目前的速度，在 40 年内，10 亿公顷土地会消失，这相当于整个欧洲的面积。[6]在过去 50 年里，哺乳动物、鸟类、鱼类、爬行动物和两栖动物的数量平均已经下降了 60%。有人认为，我们在经历第 6 次物种大灭绝。[7]最近的研究显示，有 12% 的现存物种正在受到威胁，气候变化会加剧这些威胁。[8]海洋已经吸收了超过 90% 的我们在过去 50 年里产生的额外热量。[9]结果，世界上一半的珊瑚礁已经死亡。[10]北极夏季的海冰有反射能力，能帮助稳定全球的温度，现在这些海冰正在迅速减少。[11]从大陆冰架上消融的海冰使海平面上升了超过 20 厘米，导致大量海盐倒灌进蓄水层；风暴潮恶化，严重威胁低海拔岛屿。[12] 简而言之，过去 50 年，我们直接把人类和地球从友好的全新世拽到了人类世。这是一个新的地质时期，其特点是生物地球化学条件不再只受自然进程影响，而且明显受到人类活动的影响。人类第一次成为这个星球上大规模气候变化的主要推手。[13]

所有我们能读到的关于人类世的研究都指出，过去短短50 年，人类造成了前所未有的破坏。[14] 这些分析的基本假设是，我们已经无可挽回地抛弃了自己的命运，日益严重的破坏将是人类世这一整个地质时代的主旋律。

对此，我们持完全不同的观点。

我们认为，破坏无疑会日益加剧，但这还不是我们不可避免的命运。虽然这段人类历史的开端无法被抹除，已经被痛苦地标记下来，但是整个故事还没有结束。笔还在我们手上，我们仍然有书写的机会。事实上，我们比以往任何时候都更紧地握着这支笔。我们可以选择写一个自然和人类精神再生的故事，前提是我们必须这么做选择。

我们要决定我们自己和子孙后代将生活在一个什么样的世界。我们没有多少选项——事实上只有两个。这两个都被列在《巴黎协定》中，我们在这里提出来供你考虑。请记住，相比工业革命之前，我们现在已经使地球的平均温度升高了 0.9 摄氏度。根据《巴黎协定》，所有国家承诺通过减排努力及每五年的加强行动将温度升高的程度（后文简称"温升"）控制在 2 摄氏度以内，理想情况下不超过 1.5 摄氏度。为了启动这一进程，2015 年，184 个国家提交了第一个五年减排计划，并同意每五年更新强化一次。第一轮承诺是通往实现长期净零排放目标的第一步。

接下来我们将陈述两种情景，其中之一会成为现实。

2050 年实现净零

情景一

我们正在创造的世界，会导致温升超过 3 摄氏度。[15]

第一种情景是假设我们正处于非常危险的灾难中。如果政府、公司和个体不做比 2015 年通过《巴黎协定》更进一步的努力，到 2100 年，温升会大于 3.7 摄氏度。更糟糕的是，如果没有兑现《巴黎协定》的承诺，那么我们能预见的温升为 4 或 5 摄氏度（参见本书第 171 页附录）。提前警告一下，这个画面是黑暗的。即使最差

我们选择的未来——"碳中和"公民行动指南

的情景到 21 世纪下半叶才会成为现实，但显然到 21 世纪中叶，人类就会非常悲惨，生物多样性遭到毁灭，我们和子孙后代可能生活在一个持续恶化、永远无法恢复的世界。

情景二
我们必须创造的世界，把温升控制在 1.5 摄氏度以内。[16]

我们不能调整时钟，把过去的排放收回去。但是，即使在这个后期阶段，我们也能争取并达到一个自然与人类和谐共处的更美好的世界。科学家已经明示，1.5 摄氏度的控温目标是可以达到的，但是这个窗口正在迅速关闭。要想达到至少 50% 的成功率（这本身就是一个令人无法接受的高风险水平），我们就必须在 2030 年之前把全球二氧化碳排放量减少到现在水平的一半，到 2040 年减少到 2030 年的一半，最迟到 2050 年实现净零排放。[17] 这个数量级的改变需要我们在生活和工作的很多领域进行重大转型，从大规模的重新造林到新的农业实践；从 2020 年停止煤炭生产和不久之后停止油气开采，到彻底放弃使用化石燃料甚至内燃机。

本书后面的章节将会详细阐述我们究竟需要怎么做。但是现在我们必须清醒地面对现实，那就是我们可以选择我们的未来并共同创造它。我们共同的责任是确保一个更好的未来不是有可能的，而是很有可能的；不是很有可能的，而是可以预见的。

伟大的棒球运动员尤吉·贝拉（Yogi Berra）有句名言：预测是非常难做到的，特别是关于未来的预测。在构建这两种情景的时候，我们要意识到预测这个世界未来 30 年的情况在一定程度上是一项富有想象力的工作。但是，我们在这两种情景里假设的任何事都正由最好的科学预测。[18] 事实上，很多科学的预测已经成为现实。把阅读对每个情景的分析当成对可能发生的事的警示，而不是对未来的预测，我们就有改变的机会。

第二章
大崩溃——当下的世界

现在是 2050 年。在 2015 年达成《巴黎协定》后，各国没有做进一步的努力来控制温室气体的排放。我们正朝着一个 2100 年会升温 3 摄氏度的世界奔去。

空气问题

迎面而来的就是空气问题。

在世界上的很多地方，空气是热的、沉重的，污染颗粒浓度每天都在变化。你的眼睛经常流泪，你还经常咳嗽。想想在一些国家，生病的人习惯戴着口罩来避免他人受到传染。现在你也经常戴着口罩来保护自己免受空气污染的危害。你不能再像往常一样走出家门去呼吸新鲜空气，因为地球上已经不存在新鲜空气了。取而代之的是，在早上打开门窗之前，你需要看看手机软件显示的空气污染情况。一切看起来还不错，阳光明媚，视线通透，但是你知道一切已经不一样了。当风暴和热浪重叠、聚集的时候，你必须戴定制口罩（不是所有人都买得起）出门，否则你就会因空气污染和地表臭氧含量升高而陷入危险。[1]

东南亚和中非在空气污染中丧命的人比欧洲和美国的多。[2] 现在很少有人在户外工作，但即使在室内，空气闻起来还是有点儿酸，有时令人作呕。最后一个煤矿在十年前就关门了，但这对全世界的空气污染于事无补，因为你仍旧在呼吸数百万辆家用轿车和公共汽车排出的尾气。一些国家已经试验了播种雨云——人工降雨的过程——希望把污染从天空中冲走，但是结果不如预期。用播种雨云的方法人为地制造更多雨水是困难且不稳定的，甚至在一些富裕国家也无法达到与自然雨水一致的成效。[3] 在欧洲和亚洲，这类行为还引发了国际事件，因为即使是最精通技术的专家也不能控制雨落到哪里，更别说控制不好的酸雨，酸雨会破坏庄稼，引发食物供应危机。[4] 结果，粮食在空气污染的笼罩下持续生长，这个趋势还会继续。[5]

我们的世界越来越热。相关预测告诉我们，在未来二十年，一些地方的温度还会更高。人类对这个无法挽回的进度彻底失去了控制。海洋、森林、植物和土地已经持续多年吸收我们排放的二氧化碳，吸收量占排放总量的一半。地球上现在剩下的森林不多了，大部分被野火烧光，永冻土层也在释放温室气体，让已经负担过重的大气层更加不堪重负。[6]

越来越热的地球让我们窒息，再过 5~10 年，这个星球的大片地区将不再适宜人类居住。我们不知道澳大利亚、南非、美国西部在 2100 年的适宜居住程度。没人知道我们子孙的未来会怎样：一个又一个临界点到达后，人们对未来文明的形式产生了怀疑。有人说，人类将再次被抛弃，聚集在小部落里，蜷缩着身子，生活在任何一块可以维持生存的土地上。[7]

通过临界点已经很痛苦了。第一个临界点是珊瑚礁的消失。有些人还记得在绚丽的珊瑚礁中潜水的情景，身边有大小和形状各异、五颜六色的鱼。珊瑚礁正在消失。澳大利亚大堡礁成了最大的海洋墓地。人们也曾努力在赤道南北海水较凉爽的海域人工种植珊瑚礁，但是这些努力大多都失败了，海洋生物没有复活。很快，海洋里的任何地方都将看不到珊瑚礁——最后 10% 的消亡仅需数年。[8]

海岸线问题

第二个临界点是北极冰盖融化。因为北极海域的温升比其他海域高 6~8 摄氏度，北极夏季的海冰全部消失了。消融静悄悄地发生在最北端的寒冷地带，但其影响很快就能被注意到。巨大的消融进一步加速了全球变暖的进程。白冰会反射太阳的光和热，但它现在消失了，所以黑暗的海水吸收了更多热量，扩大了水体，把海平面推到了更高处。[9]

空气中更多的水分和更高的海平面温度，导致极端飓风和热带风暴激增。最近，孟加拉国、墨西哥、美国和其他地方的沿海城市遭遇了残酷的破坏和特大洪水，这造成上千人死亡，数百万人流离失所。这种情况的发生越来越频繁了。[10] 每天，由于水位上升，世界上一些地区的人必须撤离到高地。每天的新闻在播报：母亲们背着婴儿涉过洪水，房屋被猛烈得像暴发的山洪一样的急流冲毁。新闻报道还讲述道：因为无处可去，人们只能住在水没到脚踝的房子里；床上长了霉菌，导致孩子不停咳嗽，大口喘气。保险公司宣布破产，剩下的人完全没有重建生活的资源。水源受污染、海水倒灌和农田流失是一天中的常态。

因为各种灾害经常同时发生，人们需要花费数周甚至数月才能把基本的食物和水送到受洪水侵袭的地区。在这些地方，疟疾、登革热、霍乱、呼吸道疾病、营养不良等疾病肆虐。[11]

现在大家都非常关注南极西部的冰盖。[12] 如果它确实消失了，就会有很多淡水注入海洋，致使海平面上升 5 米。如果这种情况真的发生，像迈阿密、上海和印度的达卡这样的城市将不再适宜人类居住。像被淹没的古城亚特兰蒂斯一样，在各大洲的海岸线上，这些城市会像幽灵一样游荡，当地的摩天大楼将被吞噬，市民会被疏散或面临死亡。

因为海岸线附近的地区是很多人的家园，世界各地还有很多选择留在那里的人。对他们来说，对家园的留恋比不断上升的海平面和洪水更重要——他们现在不得不目睹以捕鱼为基础的生活方式的消亡。由于海洋吸收了二氧化碳，海水变得更具酸性，现在的酸碱度对海洋生物非常不利。为了保护不多的鱼类，大多数国家都禁止捕鱼，即使在国际水域也是如此。[13] 许多人坚持认为，剩下的为数不多的鱼应该在它们还能再生的条件下被人类享用——在世界上的许多地方，这种争论很难被挑出错，它也适用于正在消失的其他东西。

极旱、极热与抢水之战

内陆的干旱和热浪与不断上升的海平面具有相同的毁灭性，它们共同构建了一个特别的地狱。广大地区已陷入严重的干旱，有时还伴随着进一步的荒漠化。[14] 野生动物在这些地区成了遥远的记忆。[15] 这些地区的地下蓄水层已经干涸，不再适宜人类居住。马拉喀什[①]、伏尔加格勒[②]等城市即将成为荒漠。中国香港、巴塞罗那、阿布扎比等许多城市多年来一直在淡化海水，尽力支持那些从已经完全干涸的地区移民过来的人。

极端炎热也出现在游行的标语里。如果你住在巴黎，你就要忍受夏天的温度经常飙升到44摄氏度。这已不再是30年前的头条新闻。每个人都待在房间里，喝着水，梦想着有空调的生活。试想你躺在沙发上，脸上敷着一条冰凉的湿毛巾，尽管干旱和野火不断，那些住在城郊的贫困农民却仍在忙着种葡萄、橄榄或大豆——那是富人们的奢侈品，不是你能享用的。

---

① 马拉喀什，摩洛哥南部城市，坐落在贯穿摩洛哥的阿特拉斯山脚下，有"南方的珍珠"之称。——编者注

② 伏尔加格勒，俄罗斯城市，历来被称为俄罗斯的"南部粮仓"。——编者注

你试图不去想那些生活在最热地区的 20 亿人，在那些地方，每年有 45 天温度会飙升到 60 摄氏度。在这个温度条件下，人在户外待 6 个小时，身体就会失去自动调节功能。印度中部这类地区正因为越来越多的高温挑战变得不适宜人类居住。有一段时间，人们还在努力，想继续在那里生活，但当你不能再在户外工作，只能在凌晨 4 点入睡且只能睡几个小时，只因为这是一天中最凉快的时段，除了离开，你别无选择。大量移民到温度较低的偏远地区的人遭遇的是难民问题、内乱和缺水导致的流血事件。[16]

世界各地的内陆冰川正在迅速消失。依靠喜马拉雅山、阿尔卑斯山和安第斯冰川来调节全年水资源供应的几百万人处于持续紧急状态：冬天山顶上几乎没有积雪，因此春季和夏季不再有雪融水。现在，要么是暴雨导致洪水，要么是长期干旱。资源最少的最脆弱的社区已经看到当水资源短缺时会有什么接踵而至的后果，那就是宗派暴力、大规模移民和死亡。

即使在美国的一些地方，在水资源方面也会有激烈的冲突。富人当中会有人为了获得更多的水而愿意支付更多钱，但其他人则要求平等地获得生命所需的资源。几乎所有公共的水龙头都被锁上了，厕所里的水龙头是投币式的。在联邦一级，国会在水资源的再分配上一片哗然：水资源较少的各州，要从拥有更多水资源的各州争取它们认为公平的份额。多年来，政府领导人一直在这个问题上受到阻碍。科罗拉多河和格兰德河每过一个月都会进一步萎缩。[17] 因为不再能够从枯竭的康求河和格兰德河获取水，美国与墨西哥的抢水之战随时都会打响。[18] 秘鲁、俄罗斯和许多其他国家也出现了类似的争端。

经济崩溃与内乱

粮食产量每个月、每个季度的变化幅度很大，这与你住在哪里有关。挨饿的人比以往任何时候都多。气候区已经改变，所以一些新的地区变得适合种植农作物（比如阿拉斯加和北极），[19] 而其他国家或地区已经干涸（比如墨西哥和加利福尼亚）。还有一些地区的气候因为酷热而不稳定，更别提还有洪水、野火和龙卷风。这使得食品供应变得不可预测。但有一件事没有改变，就是如果你有钱，你就有机会。灾难和战争肆虐扼杀了贸易路线。因为食品越来越少，食品供需矛盾进一步加深；由于日益稀缺，食物变得非常昂贵。收入不平等一直存在，但从未如此严重和危险。

很多地区的人都出现发育迟缓和营养不良的症状。生育速度已经总体放缓，但这些国家最严重的问题还是粮食严重短缺。婴儿死亡率飞速上升，大量的国际援助证明，政治在大规模贫困面前显得无能为力。

在一些地方，不能获得麦子、大米或高粱等基本的粮食作物导致了经济崩溃和内乱，其出现速度超出了此前最悲观的专家们的想象。科学家努力开发各种能经受干旱、剧烈波动的气温和倒灌的海水的作物，我们能做的也只有这些。我们没有足够的粮食来填饱所有人的肚子。结果，粮食暴乱、政变、内战把世界上最脆弱的人从煎锅中扔进了火里。当发达国家忙着封锁边境防止大量移民入境的时候，它们也觉察到此情况带来的后果：股票市场正在崩盘，通货膨胀严重，欧盟已经解体。[20]

无人幸免

各国致力于将财富和资源留在其境内，但它们决心将人们留在境外。大多数国家的军队在边境地区安排了密集巡逻。封锁是目标，但这一做法并没有完全成功。绝望的人总能找到办法。一些比其他国家更乐善好施的国家现在也关闭了它们的边境、钱包，选择视而不见。[21]

　　赤道带开始变得不宜居住以来，移民源源不断地从中美洲向北边的墨西哥和美国移动。还有大批人正在向智利和阿根廷的最南端移动。同样的场景也发生在欧洲和亚洲。北方和南方国家正承受着巨大的政治压力：要么欢迎移民，要么把他们隔离在境外。一些国家允许移民进入，但是是在让他们近乎成为契约奴的条件下。滞留的移民要过几年才能找到被庇护场所或定居在沿边境形成的新的难民城市。

　　即使你生活在气候比较温和的地区，如加拿大和斯堪的纳维亚半岛，你也仍然非常脆弱。严重的龙卷风、暴发的山洪、野火、泥石流和暴风雪常常在你的脑海里盘旋。当然，这也取决于你住在哪里，如果你有一个储备齐全的防风暴地窖，汽车里有一个用于紧急撤离的背包，或者有 6 英尺 ① 的"护城河"围绕着你的房子，那么龙卷风这类问题可能不会让你太焦虑。人们都在关注天气预报。只有傻瓜才在晚上关闭手机。如果发生紧急情况，你可能只有几分钟的时间做出响应。政府设置的警报系统只是最基础的配置，警报系统是否会出现故障和不规范情况，取决于其技术水平。富人们有

----

① 　1 英尺约为 0.3 米。——编者注

私人订制的可靠的卫星警报系统，所以能高枕无忧。

天气灾害是不可避免的，但最近关于边境发生的糟糕情况的新闻更是让大多数人无法忍受。由于自杀人数惊人地激增，在公共卫生官员感受到越来越大的压力的情况下，新闻机构减少了有关种族灭绝、贩卖奴隶和难民疾病暴发的报道的数量。你不能再相信媒体了。社交媒体长期以来是灾难报道的信息源，现在充斥着阴谋论和被篡改的视频。总的来说，新闻已经转向一种奇怪的、扭曲现实的虚假叙述。

生活在稳定国家的人可能是安全的，是的，但他们的心理问题也越来越多。随着一个个新的临界点被突破，他们感到失去了希望。由于不可能阻止地球变暖，毫无疑问，人类正在缓慢但肯定地走向崩溃。因为地球太热了，融化的永久冻土层也释放了古代微生物，今天的人因从未接触过它们而对它们没有丝毫抵抗力。[22] 蚊子和虱子传播的疾病十分猖獗，这些物种在变化的气候中茁壮成长，蔓延到地球上曾经安全的地区，使我们不堪重负。更糟的是，因为适宜居住地区的人口密度越来越大，气温也在持续上升，抗生素耐药性的公共卫生危机在持续加剧。[23]

人类物种的消亡问题正被越来越多地讨论。对许多人来说，唯一的不确定性是我们还会存活多久，还有多少代人能

看到光明。自杀是绝望情绪普遍化的明显表现，但还有其他
迹象：一种无底的失落感，难以忍受的负罪感，以及对前几
代人的强烈怨恨——他们没有做必要的事来抵御这场势不可
挡的灾难。

我们选择的未来——"碳中和"公民行动指南

第三章
碳中和——必须创造的世界

现在是 2050 年。2020 年以来，我们成功地将温室气体排放量控制在每十年减半的水平。我们正朝着一个至 2100 年温升不超过 1.5 摄氏度的世界前进。

控温行动

在世界上大多数地方，即使在城市里，空气都是潮湿和新鲜的，比工业革命之前更清洁。这种感觉很像穿过森林，并且这很可能就是你正在做的事情。

我们要感谢周围的树木。现在，它们无处不在。[1]

这不是我们所需的唯一解决方案，但树木的净化作用为我们提供了战胜碳排放所需的时间。企业捐款和公共资金资助了历史上最大规模的植树运动。最开始的时候，这纯粹是出于实用目的，是一种通过碳转移来应对气候变化的策略：树木吸收了空气中的二氧化碳，释放氧气，把碳转移回土壤里。这当然有助于减缓气候变化，但其中的好处远远比这大。在感官层面上，生活在这颗再次变成绿色的星球上，特别是在城市里，人的感觉是变革性的。城市从来没有像现在这样适宜居住过。树木增加、汽车减少让街道变成了城市农场和儿童游乐场。每一处空地、每一条脏乱的没被使用的小巷都被功能优化，变成阴凉的树林。每个屋顶都被改建成菜园或花园。曾经被涂鸦的无窗建筑现在被郁郁葱葱的藤蔓包围。

西班牙的绿化运动开始于对抗气温上升的努力。基于纬度原因，马德里是欧洲最干燥的城市之一。尽管现在已经控制了温室气体的排放，但马德里曾面临荒漠化的风险。由于城市热岛效应——建筑物储存了热，深色路面吸收了来自太阳的热量——有 600 多万人的马德里比几英里[①]外的乡下地区暖和好几度。此外，空气污染曾导致早产率上升，[2]心血管和呼吸系统疾病的致死率也攀升。因为登革热、疟疾等亚热带疾病的到来，马德里的医疗保健系统曾一度紧张。政府

---

① 1 英里约为 1.6 千米。——编者注

官员和市民因此聚集起来做出努力，减少车辆的数量，创建了一个围绕城市的"绿色外壳"来帮助降温、制造氧气，并过滤污染。人们用多孔材料重新铺设广场以收集雨水，所有的黑色屋顶被漆成白色，植物无处不在。植物可以减少噪声，释放氧气，隔离朝南的墙壁，为路面遮阴，并把水蒸气释放到空气中。大规模的努力带来了巨大的成功，马德里经验在世界各地被复制。马德里的经济得以蓬勃发展，因为专业性将这座城市置于新产业的前沿。

大多数城市发现，较低的温度提高了生活水平。虽然还有贫民窟，但能够对抗气温上升的树木使城市变得相对宜居了。

重新构想和重组城市对于解决气候挑战难题至关重要，但我们必须采取进一步的措施，这意味着全球再野化①工作必须远远超出城市范围。现在全世界的森林覆盖率是 50%，农业已经发展到更加依托树木。[3] 结果是很多国家发展到脱胎换骨。没有人怀念空旷的平原或单一的文化。现在，我们有阴凉的坚果园和水果园，林地中可以穿插着放牧区，公园区蔓延数英里，成了传粉昆虫们新的避风港。[4]

---

① 再野化（rewilding），指特定区域中荒野程度的提升过程，尤其强调提升生态系统韧性和维持生物多样性。——编者注

去化石燃料

75% 的生活在城市的人是幸运的，新的电气铁路纵横交错，构成了新的内陆景观。在美国，东海岸和西海岸的高速铁路网络已经取代了大多数连接东海岸与亚特兰大和芝加哥的国内航班。为了提升航班的燃油效率，飞机的速度降了下来，而乘坐子弹头火车变得更加快速、便利且没有什么排放。[5] "美国火车倡议"是一个十年来不断刺激经济发展的伟大的公共项目。新的交通系统取代了州际公路，为火车技术专家、工程师和建筑工人创造了数百万个就业机会，他们设计并修建了高级铁路来避开洪泛区。这一巨大努力帮助重新教育和重新训练了许多因垂死的化石燃料经济而流离失所的人。它还引领新一代工人进入了生机勃勃的新的环保经济领域。

伴随着这项大型市政工程而来的是，人们越来越自信地利用可再生能源来重新提供能量。向净零排放转型的一个主要部分聚焦在电力上。实现这一目标不仅需要对现有基础设施进行彻底改革，而且需要进行结构改革。局部事实证明分解电网和分散电力是容易做的。我们不再燃烧化石燃料了。有些国家因能够负担昂贵的技术而使用核能，[6]但是大多数国家的能源是风能、太阳能、地热能和水能这类可再生能源。所有家庭和建筑物都能自己发电——每一个我们可以利用的表面都覆盖着含有数百万个纳米粒子的太阳能涂料，这些粒子从阳光中收集能量；[7] 每一个风点都有风力涡轮机。如果你生活在阳光充沛或多风的山上，那么你的房子收获的能量可能比你实际需要的多，多余的能量就会流回智能电网。因为没有燃烧成本，能源基本是免费的，而且可以比以往更加丰富，同时能更高效地被使用。

智能技术

智能技术可防止不必要的能源消耗，因为人工智能设备会关闭那些不处在使用中的设备和机器。该系统的效率意味着，除了少数例外，我们的生活质量并没有受到影响。在许多方面，情况甚至有所改善。

对发达国家来说，向可再生能源的大范围过渡有时候让人不太舒服，因为它往往需要以新的方式做事，还要改造旧的基础设施。但对发展中国家来说，这是新时代的一道曙光。促进经济增长和减贫所需的大部分基础设施要符合新标准——低碳排放和具备高韧性。在边远地区，21 世纪初没有电的 10 亿人现在拥有自己的屋顶太阳能组件或社区内的风力发电小型电网所产生的能源。这种新通道打开了更多可能性的大门。所有人在卫生、教育和医疗方面的生活得到巨大改善。那些曾为获得清洁水而挣扎的人现在可以给家人提供清洁水。孩子们可以在晚上学习。远程诊所可以有效运作。

全世界的家庭和建筑都可以给自己提供远超实际所需的电力。例如，所有建筑物现在能收集雨水并管理自己的用水。可再生的电力来源使地区性的海水淡化成为可能，这意味着现在世界上的任何地方都可以按需生产清洁饮用水。我们还用它来灌溉水培花园、冲马桶和淋浴。[8]总的来说，我们已经成功地重建、重新组织和重构了我们的生活，以更本地化的方式生活。虽然能源价格已经大幅下跌，但我们依旧选择本地生活而不是长途通勤。由于更强的连接，许多人在家办公，从而拥有更大的灵活性和更多的时间来照顾自己和家庭。

更健康的食物

我们正在使社区更强大。小时候，你可能只在路过的时候能看到你的邻居。现在，为了让商品更便宜、更清洁、更可持续，你在生活中的每一部分都更加本地化。过去人们单独做的种植蔬菜、收集雨水和堆肥这类事情，现在都是集体完成的。如今，资源和责任是共享的。起初，你抵制这种团结，因为你习惯于在私密的家里自己做事。但很快，友谊和意想不到的新网络支持开始让你感觉良好，觉得集体做事是值得的。对大多数人来说，新的生活方式被证明是更好的幸福处方。

粮食生产和采购是公共努力的一大部分。当我们很明显地需要重新实现农业工业化的时候，我们要迅速过渡到再生农业的实践，包括种植混合多年生作物、进行可维持的放牧，以及改善大型农场的作物轮作，增加社区对小农场的依赖。[9] 你可以从当地小农场主和生产者那里购买大部分食物，而不用再去大型杂货店购买从数百英里（如果不是数千英里）外空运来的食物。建筑、社区和大家庭组成了一个食品购买小组，这是现在大多数人购买食物的方式。作为一个单位，大家报名参加了每周的送餐，然后在小组成员之间分发食物。分发、协调和管理是每个人的责任，这意味着你可能会与楼下的邻居合作分发一周食物，而楼上的邻居则会负责分发下一周的食物。

虽然这种社区食品生产方式更可持续，但食品价格仍然很高，最高可占家庭预算的 30%，这就是为什么自己种植食物非常有必要。[10]社区花园、屋顶、学校，甚至悬挂在阳台上的垂直花园，食物似乎随处可见。

通过自己种植食物，我们逐渐认识到食物昂贵是有道理的，因为种植食物需要消耗水、土壤、汗水、时间这些宝贵的资源。[11]出于这个原因，像动物蛋白和奶制品这类消耗资源最多的食物实际上已经从我们的饮食中消失了。[12]不过，植物类的替代品吃起来感觉还不错，所以我们并没有注意到肉和奶的缺失。很多孩子甚至无法相信我们以前是靠杀死动物来获取食物的。鱼还是可以吃的，只不过是饲养的鱼，可以通过提高技术水平来提高产量。[13]

我们对不好的食物做出了更明智的选择，这些不好的食物已经成为我们饮食中日益减少的一部分。政府对加工肉类、糖和高脂肪食品征税有助于我们减少农业碳排放量。其最大的好处就是有助于我们的集体健康。由于癌症、心脏病和中风的减少，人们有更长的寿命，世界各地的卫生服务成本也越来越低。事实上，应对气候变化的大部分成本出自政府在公共卫生方面的节余。[14]

共享汽车

除了在医疗保健方面的高额开支，汽油和柴油车也是不合时宜的。大多数国家在 2030 年禁止生产这类车，[15] 但又花了 15 年才让内燃机汽车完全离开公路，退出历史舞台。现在，我们只能在交通博物馆或在特殊的拉力赛上看到它们。经典汽车的车主们只需支付一笔抵销费用，就可以在赛道上驾驶自己的车行驶短短几英里。当然，它们都是由巨大的电动卡车运到现场的。

在推进这种转型时，一些国家已经走在了前面。像挪威这种科技驱动型国家和荷兰这类自行车友好国家成功地提前实施了汽车禁令。不出所料，美国最难办。首先，美国限制了汽车的销售，然后禁止汽车出现在城市超低排放区这类特定区域。[16] 电动车的电池存储能力有所突破，[17] 通过寻找可制造电池的替代材料，以及最后完成对充电和停车基础设施的全面修整来降低成本。[18] 这使得人们更容易获得使用廉价电力的电动汽车。更妙的是，汽车电池现在与电网双向连接，因此它们可以从电网中充电，也可以在未驱动时为电网供电，这有助于在可再生能源上运行的智能电网的发展。

电动汽车的普及和易用是诱人的，而且我们对电动车速度的追求终于也得到了满足。[19] 据说，要改掉一个坏习惯，你就必须用一个更有益或至少一样令人愉快的习惯来代替它。起初，中国主导了电动汽车制造业，但不久，美国公司就开始生产比以往更理想的电动汽车。甚至一些经典汽车也升级了，从内燃机到电动发动机，在 3.5 秒内从零到每小时 60 英里。[20] 奇怪的是，我们花了那么长时间才意识到电动马达是给汽车充电的更好办法。它能提供更大的扭矩、更快的速度，在刹车重启时有更强的动力，而且不需要做太多维护。

当人们从边远地区搬到城市的时候，他们对电动车没什么需求。[21] 在城市，交通是连通的，你想去哪里就可以去哪里。当你乘坐电动火车时，你不需要笨手笨脚地找交通卡或者排队付钱，因为系统已经跟踪了你的轨迹，所以它知道你在哪里上车，去往哪里，会从你的账户中自动扣除相应的费用。我们也会毫不犹豫地共享汽车。事实上，共享无人驾驶汽车的规范化和安全保障是最大的交通障碍。2050 年在主要大都市消除私家车所有权是我们的目标。[22] 我们还没达成目标，但我们在积极努力。

我们也减少了陆路运输的需求。三维（3D）打印机随处可见，减少了人们外出购买东西的需求。[23] 空中走廊里的无人机正被组织起来运送包裹，这进一步减少了人们对车辆的需求。[24] 所以，我们窄化道路，减少停车场数量，投资城市规划类项目，使其更便于人们在城市步行和骑行。停车场仅用于拼车、电动汽车充电和储物，以前那些丑陋的混凝土堆放系统和建筑如今被绿色包裹着。城市现在似乎是为人与自然共存而设计的。

国际航空旅行也发生了改变。生物燃料取代了喷气燃料。通信技术已经非常先进，我们几乎无须旅行就可以参加世界上任何地方的会议。航空旅行仍然存在，但人们对它的使用更谨慎，并且它非常昂贵。由于现在工作越来越分散，而且人们通常可以在任何地方完成工作，人们就可以节省时间，以及计划进行"慢速旅行"——持续数周或数月而不是数天的国际旅行。如果你住在美国，想游览欧洲，那你可能会计划在那里待上几个月或更久，使用当地的零排放交通工具穿越欧洲大陆。[25]

虽然我们可能已经成功地减少了碳排放量，但我们仍在处理大气中创纪录的二氧化碳含量的后遗症。长期排放的温室气体已经充满大气，无处可去，因此它们仍然在使天气状况越来越极端——尽管它不像我们继续燃烧化石燃料时那么极端。冰川和北极冰仍在融化，海平面仍在上升。美国西部、地中海和其他一些地区正在发生严重的干旱和荒漠化。持续的极端天气和资源退化继续使人们的收入、公共卫生、粮食安全和水供应方面的差距成倍增加。但现在，政府已经意识到气候变化因素带来的加倍威胁。这种意识使我们能够预测下游问题，并在它们成为人道主义危机之前阻止它们。[26] 因此，尽管很多人每天都处于危险中，但情况并没有太极端或混乱。[27] 发展中国家经济繁荣，意想不到的全球联盟已经基于新的信任感形成。现在，当一个国家需要援助时，社会上就有政治意愿和资源来满足这种需要。

难民局势数十年来越来越严重，现在仍然是冲突和纷争的主要来源。但在约 15 年前，我们不再称之为"危机"了。各国就管理难民涌入的指导方针——如何平稳地接受人口、如何分配救助和资源以及如何分担特殊地区的任务达成了一致。这些协议大多数时候能够发挥作用，但当一个国家在一两次选举中鼓吹法西斯主义的时候，这又会打破平衡。

机构与个人正在行动

科技和商业部门也加快了工作进度，抓住订立政府合约的机会就分配粮食和向新出现的流离失所的人提供住所的问题提出解决方案。一家公司发明了一个巨型机器人，它可以在几天内自动建造一所供四个人居住的房子。[28] 自动化和3D 打印使为难民建造高质量住房成为可能。私营部门在水运技术和卫生解决方案方面不断创新。越来越少的帐篷城市和住房短缺问题减小了霍乱发生的概率。

每个人都明白，我们是在一起的。一个国家发生的灾难很可能在短短几年后在另一个国家发生。我们花了一段时间才真正意识到，如果今年我们能想办法拯救太平洋岛屿免受海平面上升的影响，那么在下一个五年我们可能会找到一种方法来拯救鹿特丹。将所有资源用于解决全球问题符合所有国家的利益。首先，明智之举是为气候挑战创建创新的解决方案并在使用它之前几年对其加以测试。其次，我们正在培养善意。当我们需要帮助时，我们知道自己可以期待别人挺身而出。

时代精神发生了深刻的变化。我们对世界的感觉已经深深地改变了。出人意料的是，我们对彼此的感觉也是一样。

当 2020 年警钟敲响时（这在很大程度上要归功于青年运动），我们意识到过度消费、竞争和贪婪自私给我们带来了麻烦。我们对这些价值观的承诺，以及对利润和地位的推崇，使我们开始破坏环境。作为一个物种，我们失去了控制力，结果就是我们的世界几乎崩溃了。当抛弃再造、合作和社区时，我们就再也无法避免在有形的地球物理层面上看到破坏即将发生。

如果我们没有改变思维方式和优先事项，如果我们没有意识到要做对人类、对地球好的事情，我们就不可能从自我毁灭中解脱。最根本的变化是公民、公司和政府要一起坚守一个新的底线——不管是否盈利，对人类好就行。

21 世纪初的气候危机使我们从昏迷中惊醒。当我们努力重建和关心我们的环境时，很自然地，我们也更加关心和关注彼此。我们意识到，人类物种的延续远远不仅关乎我们要拯救自己免受极端天气的影响，还关乎我们要成为土地和彼此的好管家。当我们开始为人类的命运而战时，我们只考虑了人类物种的生存，但在某些时候，我们明白，保护我们的环境和保护我们人类的命运一样重要。我们从气候危机中走出，成为生命共同体中更成熟的一员，我们不仅能够恢复生态系统，而且能够解锁休眠的人类力量和辨识潜力。人类相信自己注定灭亡，就会真的走向灭亡。战胜这个想法是我们可以留给后代的真正遗产。

三种思维方式

THREE
MINDSETS

为了生存和繁荣，我们必须明白自己与大自然有着千丝万缕的联系。在创造更美好世界的过程中，三种思维方式是我们所有人的根本，即强乐观思维、充裕型思维和再生型思维。

第四章
我们选择的未来

　　未来正在被我们书写，我们今天选择的要成为的那个自己将塑造我们的未来。

　　正如我们在推动达成《巴黎协定》的过程中学到的，如果不控制挑战的复杂性（事实上人们很少这样做），我们能做的最有力的事就是改变其中的行为方式。我们自己就是整体变革的催化剂。所有人在面对任务时，常常会迅速转向"行动"，而不是先反思"个体存在"——个人会给任务带来什么影响，其他人又可能带来什么影响。我们能引入的最重要的东西就是我们的思维方式。

　　圣雄甘地提醒我们要朝我们希望看到的方向去改变。我们付诸的行动在很大程度上由我们在行动之前培养的思维方式决定。当我们面对紧急任务的时候，我们习惯了马上行动，而第一时间向内审视自己才是最重要的。

当旧有的思维方式占主导时，我们所尝试的变革将导致不充分的渐进式进展。为了打开转型的空间，我们必须改变思想，从根本上改变自我认知。毕竟，如果未来几个世纪的人类生活质量将受到威胁，那么深刻理解自己就是值得的。

矛盾的是，系统性的变革是个人努力的更深刻的表现，因为我们的社会和经济结构是我们思维方式的产物。

例如，我们的经济根植于这样一种信念，即我们可以无节制地攫取资源，低效利用它们，随意地破坏它们，以超过自然可再生的速度让它们从这个星球上消失，以远快于我们能清理的速度去污染环境。随着时间的推移，我们发展出一种根深蒂固的掠夺思想，这成为我们行为的基础。

这么做已经过时。

自然科学家已经提供了充分的证据，证明我们已经到达临界点。超出这些极限，地球生态系统将不能维持运转。地球上很快就没有什么可供我们提取和利用的了。社会科学家非常清楚我们需要做什么——发展可再生经济，一种与自然和谐同存的经济，重新利用已用的资源，减少浪费，补充枯竭的资源。我们必须回归自然与生俱来的智慧，成为所有资源的终极再造者和循环利用者。

不太被理解但同样重要的是，我们已经达到了个人主义竞争方式的极限。长期以来，西方社会往往把自身利益放在国家利益之上。我们需要加深对我们与自己、与他人的关系的理解，当然还需要加深对我们与自然的关系的理解，因为自然的供养，人类才得以生活在地球上。

我们目前面临的危机要求我们彻底转变思维方式。为了生存和繁荣，我们必须明白自己与大自然有着千丝万缕的联系。我们需要培养一种深厚而持久的维护这种联系的意识。这种转型是从个体开始的。我们是谁及我们如何在这个世界上出现，定义着我们如何与他人合作，我们如何与周围环境及我们最终共同创造的未来产生互动。

我们相信，在我们共同创造更美好世界的过程中，有三种思维方式是我们所有人的根本，在有意的刺激下，我们称之为强乐观思维、充裕型思维和再生型思维。这些思维方式并不新鲜。我们可以在著名的历史人物中找到闪光的例子，但我们想要的未来要求我们所有人都拥有这些思维方式。这些品质是人类与生俱来的能力（个人的和集体的），是人类在日常严酷的考验中被推动、培育和发展出的价值观。

意识的转变对有些人来说可能听起来很宏伟，对另一些人来说又是不够的。但我们生活在一个日益意识到外部和内部世界之间是亲密联系的时代。正如作家乔安娜·梅西指出的："过去，改变自我和改变世界被视为两种不同的努力。现在，从任何方面来看，情况都已经不是这样的了。"[1]科学理解和精神洞察正会聚在人与自然互相关联的现实中。

这三种思维方式的变革力量不仅在于它们自身，也在于每种思维方式的指向。由于我们依附于生活中许多形式化的现实（比如人际关系、工作、家庭等），我们常常自欺欺人地说它们是永久的。事实是，没有什么是永久的。无论我们多么坚定地想站立不动，想握住转瞬即逝的时刻，事实都是一切都在不断变化。做出期望中的改变总是需要我们有意识地朝着既定方向前进。

新的有意识的方向必须使我们从失败主义走向乐观主义，从索取走向再生，从线性经济转向循环经济，从个人利益走向共同利益，从短期思维转向长期思考和行动。通过培养这三种思维方式，我们可以为我们的生活和世界提供更清晰、更有力的指引，为共同创造我们想要的世界奠定必要的基础。

第五章
强乐观思维

2 500 年前，后来成为佛陀的广为人知的乔达摩·悉达多就理解了乐观主义。他多次表示，心灵的光明是启蒙之路的终极目标，同时也是第一步。聪明的头脑决定了你前进的方式。没有这样的头脑，你就不可能取得进步。

佛陀也明白，我们不会被动地受制于自身的态度，而是会积极地参与塑造它们。神经科学已经证实了这一点。不管我们天生的倾向是乐观的还是悲观的，在历史的这个时刻，我们都有责任做必要的事。对大多数人来说，我们要有意识地对我们的思想进行重新编程。

心理学研究显示，态度首先可以被我们的思维方式塑造，然后我们会有意地培养一种更有建设性的方式。这种做法包括意识到这些模式，找出无意识的假设，并在它们不为你服务的时候向它们发起挑战。[1]

这并不复杂，但也不容易。从本质来讲，我们都会对周围的不良事物产生内化的反应。从令人震惊的关于气候变化的最新报告到错过公共汽车，我们对生活中遇到的所有现象都有了习以为常的反应，这些习以为常的反应决定了我们会如何应对特殊情况。当谈到气候变化时，绝大多数人都表现出习以为常的无助。当我们看到世界的走向时，我们会摊摊手说自己什么也做不了。是的，我们认为气候变化很可怕，它是如此复杂、如此庞大、如此具有压倒性，所以我们做什么事情都无法阻止它。

这种习得的反应不仅不是事实，而且从根本上说明我们是不负责任的。如果想帮助应对气候变化，你必须让自己学会给出一个不同的反应。

这是你可以做到的。你可以切换你的焦点，这种转变产生的影响会让你感到震惊。你不需要拥有所有问题的答案，当然也不需要且不应该逃避真相。当你面对严酷的现实时，你要清楚地审视它们，但也要知道，生活在这样一个时代，你是如此幸运，你能够为地球上所有生命的未来带来转型式改变。

你不是无力的。事实上，你的每一个行动都有意义，你是历史上人类成绩的伟大篇章的一部分。请把这当成你的精神口头禅。要注意，你的头脑在面对挑战时会习惯性地坚持认为你是无助的，要拒绝接受这种暗示。你要注意到它，并反驳它。用不了多久，你就能改变自己的思维模式。

当你的头脑告诉你现在改变为时太晚时，记住，气候的每一点儿额外变暖都会产生非常大的影响，因此，任何排放量的减少都会减轻未来的负担。

当你的头脑告诉你这一切都太令人沮丧，你无法处理时，你最好专注于自己可以直接施加影响的事情，提醒自己，为更大的代际挑战去做动员工作会更加激动人心，这可以让你的生活充满意义和关联。

当你的头脑告诉你让世界减少对化石能源的依赖是不可能的时，记住，英国人使用的能源中已经有 50% 以上是清洁能源，[2] 哥斯达黎加已经 100% 使用清洁能源，[3] 加州也有个计划——到今天蹒跚学步的孩子完成大学学业时，包括家庭轿车和卡车在内实现 100% 使用清洁能源。[4]

当你的头脑告诉你，问题是破碎的政治体系造成的，我们无法解决它，所以也没有必要做任何事情时，提醒自己，政治制度仍然会对人民的意见做出回应。回顾历史也能看到，人们为实现政治变革成功地克服过巨大的困难。

当你的头脑告诉你，你只是渺小的个体，不足以带来改变，所以你没必要自寻烦恼时，提醒自己，临界点是非线性的，我们不知道未来会发生什么，但是我们知道系统最终会改变，所有小的行动叠加起来就会是一个新世界。每一次你做出个体的选择，成为负责任的地球卫士，你都为重大转型贡献了力量。

你可能没有宗教或精神信仰，但想想中世纪欧洲的很多石匠参与建设了最伟大的大教堂的例子。因为不能靠一个人的努力去建整座大教堂，石匠本可以选择扔下他的工具，但他却耐心而认真地做好了他的工作，他知道他是升华几代人心灵的伟大集体努力的一部分。这就是乐观，培养乐观心态不仅是推进人类故事发展的关键一步，也将改善人类今天的生活。

瓦茨拉夫·哈维尔恰当地将乐观描述为"一种心境，而不是一种现实状态"。[5] 实现这种思维方式的转型有三个关键要素：有超越眼前视野的意愿，能从容面对终极目标的不确定性，以及这种思维方式所促成的坚定。

要成为乐观的人，你就必须面对在科学报道、媒体新闻、社交账号和厨房餐桌上随处可见的哀叹世风日下的坏消息。对任何程度的改变来说，更加困难但又必要的一步就是，认清困难后仍然能够看到创建不同的未来是可能的，而且这已经融入我们的日常生活。在不否认坏消息的情况下，你必须关注有关气候变化的所有好消息，例如可再生能源的价格不断下降，越来越多的国家承诺在 2050 年或在这之前实现净零排放，多个城市禁止内燃机车辆行驶，以及资本从旧经济转投新经济。这一切还没有在必要的规模层面上发生，但它们正在发生。乐观就是能够有意识地去明确和规划期望中的未来，并积极拉近与它的距离。

坚持确定性总是比为仅知道其是正确的和好的却不知道能否成功的某个目标而努力更容易。所有应对气候变化的措施仍需要进一步发展成熟，没有人能保证最终的成功。我们不知道哪些可再生能源（如果有）将占主导地位，或哪些更可能被迅速推广。电动汽车的电池问题（重量、成本、回收利用）仍须解决，充电网络仍需要大幅扩展才能成功。金融工具必须更有效地管控新技术带来的风险。让我们从单一拥有房屋和汽车转向共享所有权的市场模式必须聚集动力，并与监管规则保持协调。

当你从广阔而不是狭窄的视角看未来时，你就必须采取这些有不确定性的步调，否则你会停留在过去的已知中。你必须愿意冒犯错误、拖延和失望的风险，否则你只能在勇于尝试和直面真实的人的怜悯中面临最终的危险。

一旦你意识到过去的习惯、实践和技术只会导致生态消亡和人类痛苦，这种思维方式就更加重要了。乐观地看待现实意味着你能认识到，另一种未来是可能的，而不是只停留在承诺层面。面对气候变化，我们所有人都要乐观，不是因为成功是有保证的，而是因为失败是不可想象的。

乐观能给你一种力量，它驱使你参与、贡献和有所作为。它会让你一早就从床上跳起来，因为你同时感受到了挑战和希望。它让你看到正在出现的变化，使你想要成为变化中的积极部分。作家丽贝卡·索尔尼特说得很清楚："希望是你在紧急情况下用于破门的斧头……它会把你推出门外，让你将所有的力量用于引导未来远离无休止的战争，远离地球宝藏的毁灭和贫瘠带来的磨难……希望就是把你自己献给未来，这个对未来的承诺使现在的环境变得宜居。"[6]

换句话说，乐观是一种可以让你创造崭新现实的动力。

乐观并不是我们完成既定任务的结果。这是一种庆祝。乐观是迎接挑战的必要条件。

乐观主义是指我们在迎接巨大挑战时要抱有坚定的信心，是指我们选择坚持不懈地工作以让当下的现实变得更好。

乐观主义是指通过每一个决定、每一个行动去积极地证明我们有能力设计一个更好的未来。

在亚拉巴马州的一座监狱的黑暗中，马丁·路德·金一直号召人们追求一个锲而不舍的梦想，不管它的前景多么黯淡。在历史上，许多人也这样做过：约翰·肯尼迪拒绝认可核战争是不可避免的这一论调；甘地长途跋涉到海边去收集被英国垄断的盐。

在这些情况下，关键的人物相信一个更美好的世界的存在是可能的，他们愿意为之斗争。他们没有忽视困难，也没有以一种虚假的方式来歪曲事实。相反，无论此刻看起来多么不可能，他们都坚定地面对现实，并相信变革会发生。

在通往 2015 年通过《巴黎协定》的路上，我们了解到乐观主义对推进变革是多么重要。克里斯蒂安娜在 2010 年接管联合国一年一度的气候谈判之时，正是哥本哈根谈判彻底破裂一年后。

哥本哈根谈判就是一场灾难。经过多年的准备和两个星期 24 小时连轴转的痛苦谈判，唯一的结果是一份政治上不能被接受、法律上无足轻重的无力又不充分的协议。美国过早地宣布成功令其处于尴尬境地。中国和印度在所有发展中国家的支持下提出了不同意见。这对所有参与者而言是一场充满挫折、愤怒和分歧的政治混战。

这远非东道国所宣传的"有希望的哥本哈根"。

事实上，当时发生了流血事件。

当时，委内瑞拉代表克劳迪娅·萨勒诺被排除在小房间之外，房间里只有少数领导人在闭门谈判。她非常生气，坚决表示要参与其中，不停地把她的国家的金属铭牌敲在桌子上，直到她的手开始流血。

"我必须流血才能引起你的注意吗？"她对着丹麦主席尖叫道，"国际协定不能由一个排他的小集团左右！你正在支持针对联合国的政变！"

她的每句话都伴随着铁和血的倾诉。

如果这就是拯救地球的样子，我们就注定要完蛋了。

6个月以后，联合国秘书长潘基文任命克里斯蒂安娜担任《联合国气候变化框架公约》负责人以推进谈判。他没有抱太多希望：从政治的垃圾桶里捡起碎片，做点儿什么吧。

从联合国的高层到政府代表，再到在家远程办公的气候活动家，没有人相信这个世界还有机会达成可行的协议。每个人都认为它太复杂、太昂贵，也太迟了。

因此，克里斯蒂安娜面临的最严峻的挑战之一是让每个人相信达成协议是有可能的。在考虑最终协议的政治、技术和法律参数之前，她知道她必须致力于改变人们对待气候问题的情绪。不可能的事必须变成可能。

第一步是要改变她自己的态度。

作为最近被任命的《联合国气候变化框架公约》执行秘书长，克里斯蒂安娜举行了她的第一次也是最令人难忘的一次记者招待会。在德国波恩的马里蒂姆饭店一个没有窗户的房间里，她坐在40名记者面前，发出了整个国际进程的新声音。

在人们问了一些乏味的问题之后，有人问了最重要的问题："菲格雷斯女士，您认为达成全球协议还有可能吗？"

她不假思索地脱口而出："在我有生之年是看不到了。"

克里斯蒂安娜本能地为成千上万个参与哥本哈根谈判的人和数百万个在网上关注其进展的人发了声。希望消失了，痛苦更深了。她的话表达了当时人们的情绪，也直接撕扯着她自己的内心。她在记者招待会上的态度正是问题所在。如果她屈服于绝望，并因此让整个政治进程屈服于绝望，那么今天数百万脆弱人民的生活质量就不会提高，人类后代的命运将受到恶劣影响。她不能让这种事发生。

"不可能"不是事实，而是一种态度。

当克里斯蒂安娜走出那天的记者会会场的时候，她知道她的主要任务是成为让每个人都能找到一起解决问题的方法的那座灯塔。她不知道怎么完成这个任务，但她清楚地知道她没有其他选择。

实现一个复杂的、大规模的转变，就像和上千人一起编织一条精心设计的挂毯，而这些人从来没有编织过任何东西，甚至从没见过挂毯的样式。谈判涉及近 200 个国家、500 名联合国工作人员、在 5 条（有时是交叉的）谈判轨道上进行的 60 多个谈判议题，成千上万名社会各界人士参加了谈判。当然，每个人都希望人类有一个美好的未来，但是，一旦你的目标落到解决具体问题上，所有内容——从协商一场工作会议的议程，到讨论像政策中如何反映科学这样有争议的话题——就都要不断经过谈判。可以预见的是，挫折和阻碍很快会成为常态。

在整个过程中，我们关注潜在的挑战性力量，引导它们进入一个有建设性的空间，使创新的解决方案能够从集体参与和集体智慧的肥沃土壤中显现。谨慎和有针对性的干预措施必须重复很多遍，以确保有前进的势头，但又不能过于霸道。干预的目的是不断疏通被压抑的能量，以推动下一步的工作。如果从控制的期望上看，复杂的动态系统可能会令人生畏，但如果它们被视为精心培育的盆栽景观，问题花朵可以在其间找到解决的办法并让共同协商这块土壤更加肥沃，那这个系统就是令人激动的。

2015年12月，195个国家一致通过了《巴黎协定》，数以亿计的人广泛承认这是一项历史性成就。毫无疑问，许多因素及成千上万的个人促成了这一巨大的成功，但其关键是导向集体智慧和有效决策的思维方式。当时在场的所有人，还有数百万个线上关注其进展的人，都对未来感到乐观，而事实上，乐观已经成为这段旅程的起点。它必须是这样的，否则我们永远不会达成任何协议。

但是我们要记住，在未来的挑战中，只有乐观是不够的。在2015年，只有乐观的话，我们也不会达成《巴黎协定》。让我们度过漫漫长夜，最终达成那份协定的，是一种特殊的在完成大多数艰巨任务时都需要的乐观——强乐观思维。

乐观不是软弱，而是坚韧不拔。每一天都会有坏消息出现，数不尽的人告诉我们世界将成为地狱。走下坡路就是屈服。走上坡路就是在前途未卜的情况下保持坚定。我们可能会面临很多障碍，这不应该使任何人感到惊讶。我们可能会在短期内看到气候条件恶化，这也不应该使我们感到惊讶。我们必须选择大胆地坚持下去。我们必须用坚定的决心和最大的努力克服障碍，向前迈进。

我们需要进行系统转型和个人行为转变。若失去同行者，我们就无法以必要的速度达成必要的变革规模。我们是社会中的各个点：家庭成员、社区领袖、首席执行官、决策者。无论我们在哪里，我们都可以且必须履行有利于公共利益的责任。没有人是无关紧要的。

特别是在人类面临巨大挑战时，我们唯一可以采取的负责任的做法是保护人类和其他的生命，将地球生命的历史进程引向更好的境地。我们现在改变方向还来得及，但是一定要有共同的意图和强大的乐观主义，从而把我们自己从目前建立的常规路径中推出去。

《巴黎协定》达成前五年的故事在许多方面就像我们现在必须发动的进程一样。今天的大多数人认为，它不可能在十年内改变我们的经济状况。但是我们不能认命，我们唯一的选择是把所有注意力集中到即刻可以改变方向的行动上。不管是什么挑战，它始于我们对待挑战的方式、坚定的态度和感染有相同信念的人的能力。这就是强乐观思维。

人类的进化是一个关于适应时代挑战的故事。我们面临着人类历史上最艰巨的挑战。我们面临的挑战超出了我们目前的能力，这意味着我们需要把我们的能力提升到一个新的水平。这是我们可以做到的。

第六章
充裕型思维

我们要得到自己想要的或自认为需要的东西，就要与他人竞争——这种观点深植于我们每个人的内心。我们大多是在令人窒息的零和观念的影响下成长起来的，所谓零和观念是指：如果有一个人赢了，那就一定有另一个人输了（一个人的得是靠另一个人的失来"平衡"的，因而得与失的总和为零）。零和观念已将竞争融入了我们的世界观。假如没有竞争，我们就无法取得数百年来已经取得的许多巨大经济成就和社会进步。今后，我们仍需要一种健康的竞争优势，以便开发有助于应对气候变化的新技术。但是，如果我们让竞争成为我们做决策的主导因素，那我们就会丧失根本，将充裕误以为稀缺。

我们几乎都感受过乘坐火车或公共汽车时跑到众人前面抢占座位的急迫性和决心。这是一种普遍的感受，以至于在一些国家，客运公司会通过广播提醒人们先下后上。但有时人们抢占座位的劲头很足，广播并不能阻止人们争先恐后地抢占座位。

在上述情形下的狂乱并非始于人们的竞争冲动，而是始于人们内心根深蒂固的稀缺感，即无论现实如何，主观上都认为某种东西是有限的。以乘车抢座为例，我们认为车上只有一个好座位，因此我们想要先于他人抢占该座位。我们对稀缺的恐惧引发了我们的竞争反应，无论这种恐惧是否基于客观现实。而我们的竞争反应反过来又加剧了我们对稀缺的恐惧，这是一个自我强化的循环。

稀缺感将我们置于一个非常狭小的精神牢笼中。我们可用两种方法扩大该牢笼。第一种方法是，我们要认识到，稀缺感通常并不是客观的，而是我们自己制造出来的。只要我们意识到火车或公共汽车上还有其他座位，而且几分钟后还会有下一辆公共汽车到来，我们就能摆脱这种精神牢笼。

第二种方法是摆脱零和观念这种颇为怪异的思维方式。诚然，公共汽车上的座位是有限的，但他人的得不一定就是我的失。也许我将自己的座位给予他人会使我开始一段意想不到的愉快的交谈，也许这个简单的行为会改善他人当天的心情或增加我的快乐。众所周知，给予会使人更加愉快，因此我的失实际上可成为我的得。事实上，"我的失←→你的得"可成为"我们的得"。

这完全是思维方式的问题。

思维方式的力量是强大的，它使我们相信稀缺是存在的，使我们陷入不必要的竞争，从而在客观上制造出我们当初恐惧的稀缺现象。举例来说，亚利桑那州的图森是一个位于沙漠中的居民点，多年来，其水资源越来越稀缺。终年流经该居民点的圣克鲁斯河已干涸。这里的年降水量只有28厘米。也许是人们认为该地区长期缺水的缘故，不断增加的人口对水的需求越来越大，因而人们拼命抽取地下水，致使地下水位下降了91米以上。圣克鲁斯河两岸的树木和其他植被也随着该河流的干涸而死亡。缺水感导致对水的过量使用，进而造成更大程度的缺水，因为光秃秃的（或铺砌的）地面很难吸收为数不多的降水，大部分降水都白白流走了。

有意思的是，图森每年28厘米的降水量实际上高于它每年消耗的市政供水。[1]这里从未明显缺水，只是被认为缺水。如果从整个水循环的角度来看，而不是仅关注某一口水井在某个特定时间的水量，图森的水量则是充足的。如果某种资源被认为是稀缺的，但实际上是充足的（例如，公共汽车上有充足的座位或气象上有充足的降水能满足每个人的需要），那么我们对其做出的反应不外乎以下两种：一种是偏执竞争，另一种是广泛合作。我们做出怎样的反应受多种因素的影响，这些因素有的深刻，比如我们的自我意识程度；有的简单，比如我们那天碰巧有什么感受。我们的态度不会改变任何事实（例如，公共汽车上有多少座位，或某地有多少降水），但它对我们的个人体验有巨大影响。在许多情况下，我们选择合作，会获得更为丰富而非更为浅显的体验。

不过，在资源实际上很稀缺且变得越来越稀缺时，我们做决策就会面对一种截然不同的情况。与我们最初认为的相反，在真正的（而不仅仅是被认为的）稀缺情形下，我们唯一可行的选择是合作。幸运的是，与大多数人所认为的相反，合作是人类通常会采取的选择——至少在某些情况下是这样的。

面对飓风、地震、恐怖袭击等灾难时，一个群体中的成员往往会相互团结起来。人们在新奥尔良飓风"卡特里娜"、菲律宾台风"海燕"，以及世界上其他许多灾难发生后进行的研究表明，群体最初会在共同的痛苦下本着团结利他的精神轰轰烈烈地行动起来，然后又合作进行重建和恢复。[2] 在这些时候，我们的给予倾向战胜了竞争倾向，我们给予的东西可以是时间、技能、金钱、爱情，也可能仅是一顿便饭。

从竞争转向合作的关键在于给予使我们快乐，因此，在非常艰苦的时候，尽管我们主要服务他人，但事实上我们也是在服务自己。[3]

2015 年 11 月 13 日，即《巴黎协定》谈判最终回合开幕前两周，巴黎遭受了最严重的恐怖袭击。袭击者袭击了市内 6 个人员密集的地点，杀死 130 人，致伤近 500 人。[4] 在随后几天里去过共和广场的人绝不会忘记整整齐齐排列在广场上的数千双鞋子，包括教皇方济各遗留在那里的一双朴素的黑色鞋子。各国领导人并未对此袖手旁观，短短两周后，约 150 位国家元首和政府首脑前往巴黎并在那里举行了有史以来规模最大的国家元首和政府首脑盛会。之所以要举办这场盛会，部分是基于达成全球气候协定的重要性，同时各国也是想通过这种大规模集会显示各国与法国团结一致。

面对这种深刻的苦难和急切的需要，我们迎难而上，肩并肩站在一起相互支持。我们要把这种团结起来相互关心的精神发扬光大，将其推广到应对气候危机的行动中。

最近发生的诸多灾难及由此激发的合作与团结很可能仅在当地产生了一些影响，但我们面对的全球性稀缺状况的挑战比它们大得多。从全球范围看，我们目前拥有的昆虫、鸟类和哺乳动物显著少于 50 年前，森林覆盖率也低得多。土壤不像以前那样肥沃，海洋不像以前那样浩瀚。我们难以看到但其后果更有威胁性的是我们正在用尽的容纳温室气体的大气空间。我们不妨把世界上的大气想象为一个浴缸，只不过这个浴缸中装的并不是水：50 年来，温室气体一直在不断增加，正接近这个浴缸容量的极限，即科学测定的大气所能容纳的温室气体的最大限量，我们将其称为"碳预算"。如果容量超过碳预算，这个浴缸中的气体就会不可控制地"溢流"。我们正处于可怕的不可预测且不可逆转的大气临界点附近。世界上任何地方排放的任何一点儿二氧化碳都有可能触发灾难。我们正在迅速地用尽这个浴缸中的空间，这是一种终极的稀缺。

1992 年通过的《联合国气候变化框架公约》基于这样一种认知：发达国家对气候变化承担最主要的历史责任，因为其基于化石燃料的工业化造成的温室气体排放是造成气候变化的主要因素。而发展中国家对此应承担的历史责任微不足道，但其实际承受的破坏性影响的规模与其经济规模相比是不成比例的。这并不是思想意识问题，而是无可辩驳的事实。同时，在 30 年后的今天，我们还要看到，随着一些发展中国家的发展，以及越来越多的人口脱贫，这些国家的温室气体排放量迅速增加，这是因为它们的经济增长仍然主要依靠化石燃料的使用。因此，发达国家也在敦促发展中国家承担起更大的减排责任。多年来，发展中国家一直断然拒绝这一要求，认为这会妨碍其经济增长，尽管它们必须承受气候变化带来的越来越大的不利影响。

人们就碳预算剩余部分的公平分配问题提出了诸多建议。有些人的建议规定了发达国家的排放限额，以便为发展中国家预留排放空间，但发达国家不同意；有的人建议发达国家逐步减排，同时对发展中国家的排放量增加进行管控。毫不意外，大家没有找到人人满意的解决办法。还有一种建议是，在全世界范围内将每人每年的二氧化碳排放量限定为 2 吨。鉴于各国的年度人均二氧化碳排放量差别很大（范围从 0.04 吨到 37 吨以上），那些年度人均排放量远远高于 2 吨的国家是不会认真考虑这个建议的。

事实证明，无论采用什么样的分配方案，试图对剩余大气空间进行公平分配都是徒劳的。我们只要还沉溺于稀缺和竞争的思维定式，就无法实现公平的结果。

鉴于地球的现状，这种思维定式已经不合时宜了，因为稀缺已成为关乎人类生存的重大问题：在我们赖以生存且有助于将大气中的温室气体量保持在安全水平的各种生态系统当中，有许多已经到了生存的临界点。比如，一旦亚马孙雨林遭到破坏，大气中的碳排放量就会升高到致使全球而不仅仅是巴西承受后果。同理，如果北极的永冻层融化，深受其害的不仅仅是北极附近的国家，而是整个地球。我们在同一条船上，船的某一端有了漏洞，遭遇沉没的就不仅仅是坐在漏洞附近的人，而是船上所有的人。我们的成败是一体的。

这种新型的零和模式要求我们将合作而不是竞争作为促进生物圈再生和创造美好未来的必要动力。

时间接近午夜，我们正处于崩溃边缘。

在秘鲁利马举行的 2014 年联合国气候变化大会谈判在最初几天进展很快，但和预想的一样，当时各国在减排责任问题上陷入僵局。我们知道这个问题会出现，但这次后果很严重，因为它关乎 2015 年巴黎谈判的成败。

在每次重大的国际谈判期间，每当我们陷入难以挣脱的僵局时，办公室门口就会传来轻轻的敲门声，这通常发生在午夜以后。紧接着，多年来一直担任中国代表团团长的解振华先生就会走进来。正如大家预料的那样，他这次也是带着明确的意见来的。谈判草案并未恰当体现各方在气候变化责任及未来应对能力问题上的巨大分歧。发展中国家不希望在当前的利马谈判或来年的巴黎谈判中达成在它们看来并不公平的协定。解振华指出，美国和中国最近达成的协定已从根植于竞争和稀缺的思维方式转向着眼于合作和繁荣的思维方式。该协定并未专注于发达国家对气候变化的历史责任，也未专注于发展中国家的减排义务，而是采取了一种截然不同的方式，即鼓励各国单独和共同寻求减排利益，这是一种超越了零和思维的新模式。

现在我们的任务是采用与我们正在寻求共同点的其他问题一致的方式将这种新模式用于促进包括 195 个国家的全球协定的达成。首先，我们对托德·斯特恩及休·比尼阿兹领导的美国代表团和解振华团长领导的中国代表团达成的协定文本中的每个词和每个标点符号进行了反复磋商。我们不得不迅速而谨慎地穿梭于各代表团之间，以免给成千上万名筋疲力尽且对目前的僵局忧心忡忡、担心所有努力毁于一旦的代表留下任何慌乱的印象。但经过多次对双方的良好意愿的申述，我们终于敲定了新文本，各方承诺敦促其影响下的国家接受该新文本。

新观点认为，减排确实是每个国家的责任，这首先关系到它们自身的利益，当然也关系到全球的利益。思维方式的转变，以及协定文本中的相关新语言——从竞争转向共赢，各方都会从新的繁荣中获益，互相没有侵害——为来年在巴黎签订全球协定打下了基础。

现在，越来越多的国家认识到，它们在 21 世纪的发展能够且应该是清洁的；经济去碳化可为它们带来更多的就业岗位、更清洁的空气、更高效的运输、更宜居的城市和更肥沃的土地。这种以创造繁荣为导向的思维方式的转变并不否认低碳经济的局限性，而是使各国更有理由单独和共同将其活动限定在低碳指标范围内。这是因为，当一个国家努力推行清洁技术和清洁政策时，其他国家将会效仿，从而逐渐形成潮流，以加快全球去碳化的进程，达到保护地球的目的。

我们一旦有了渴望合作的动机，就会从盲目寻求"我想要的或我认为我需要的东西"的狭隘视野中解放，以宽阔的视野充分利用各种现有和可能的资源，这里所说的"现有"包括我方现有，但并不仅限于我方，还包括他方现有。实现繁荣并非人们所想象的物质资源的增加，而是意识到我们可以用多种方式满足自身的需要，从而使人人满意。这样一来，资源得到了保护和补充，我们之间的关系也变得多样化了。

要做到持续繁荣。

在个人层面上，我们要加强合作，培养充裕型思维。实现思维方式的转变并不像听起来的那样困难。举例来说，来自太阳、风、水、海浪和地热的能源是无限充裕的，我们利用它们发电，它们是不会被用尽的。对再生的土壤、森林和海洋均应妥善管理，以保障其持续充裕，而不是肆意挥霍，很快使其枯竭。事实上，生态系统就是本着充裕原理运行的——它们依靠废弃物等内部成分提供生长所需的养料，而这些内部成分自然是充裕的。

我们还可利用我们作为人类所拥有的创造性、团结性、创新性和其他特性，而这些特性是无限充裕的。

互联网上用户集体创建和自由分享的知识库现在仍面临着亟待克服的数据挑战，但它使人逐渐熟悉了合作系统和持续充裕的概念。维基百科、领英或位智（Waze）就是这样的知识库。系统内的每个用户都是独一无二的，但所有用户通过不断壮大的系统相互联系了起来。每个用户都对知识库有所贡献，但整个知识库大于所有用户的总和。系统在不断变化，对一些地方加以扩充，而对另一些地方则加以纠正，逐渐发展为前所未知的空间。竞争在此发挥了作用，但其作用是有限的，因为在这个不断壮大的整体中，每个人都在做贡献，每个人都在受益，每个人都在参与。这一模式注重合作，追求源自持续繁荣的利益共享。

下一步，我们可想象出一个"处处开源"的世界，即在人类奋斗的每个领域都采取开放性方式，以合作而不是竞争为活动原则。该方式遵循我们在自然生态系统中遵守的原则，在整个系统中明确推崇学习和成长理念。它使我们得以不断相互教导，从而极大地增强我们以开放的途径共同创造知识及分享商品和服务的能力。这种途径可供每个人使用，并服务于所有人的利益。

　　着眼于充裕的行为始于思维的转变，即从我们主观认为的稀缺转向我们共同创造的充裕。在这样做的过程中，我们将会更多地关注他人，更多地意识到我们能从他人那里学到的东西，更多地意识到我们能与他人分享的东西。我们将会更加自觉地抑制我们的竞争冲动，并就怎样实现共赢采取切实有效的措施。我们要向那些为共同任务做贡献的人表示赞赏，随时随地鼓励更高程度的合作。我们要与所有参与者分享劳动成果，他们可将其用在自己的工作中，我们不会向其索取知识产权费用。他人的成功并不是我们的失利，而是我们不断壮大的集体成功的一部分。

　　我们正步入人类发展进程中的新阶段。人类（以及其他许多动物和植物种类）必须适应我们造成的自然资源稀缺和地球大气容纳温室气体的空间急剧缩小的状况。为此，我们要将合作置于优先地位。面对终极稀缺，我们必须真正领会新型零和观念（若不能共赢，则必然共输），将充裕型思维应用于我们此前留下来的东西，以及我们能够共同创造和分享的东西。

第七章
再生型思维

　　在联合国期间，结束了一整天的工作后，筋疲力尽的我们在办公室附近的小餐馆静静地享用晚餐，谈论着我们已做和待做的工作。坐在我们身旁的两个年轻人吃完了饭，在喝第三杯啤酒时谈论着他们下一步要做的事。我们试图专注于我们要做的事，但他们的谈话把我们吸引了过去。

　　"但你为什么想离开？"

　　"因为这里再也没有需要我做的事了。"

　　"那么，你想去哪里？"

　　"我不知道。能在哪里做更好的事情就去哪里吧。"

　　我们相互看着对方，扬起了眉毛。此人表达的意思，我们此前听到过多次——当在某处无事可做时，就到了前往别处做事的时候。

　　此人专注于"做更好的事情"，这不仅是其个人的癖好。

千百年来，人类社会一直是这样的。来自遥远之地的征服者劫掠殖民地的金属、矿物和奇异的食物，在大多数情况下留给当地的无非混乱、传染病。作为肥沃土壤的管理者，人类非常有效地攫取了生长在大地上的树木和土壤中的营养物质，留下的仅是日渐枯竭的表层土。

这些本能本身并没有错。它们有助于我们成长，从而应对日益严峻的挑战。但我们的成长，无论是个人本身的还是职业上的，都是一条由给予和索取组成的双向轨道。但人类习惯于索取这一单向交易，通常看不到索取留下的空白。

我们居住的星球再也不能支撑这种单向成长了。我们已经走到人类索取之路的尽头。单向索取时代结束了，矗立在我们面前的是一块巨大的红色警示牌，上面写着："停住！前面是悬崖。"

攫取是人类行为中根深蒂固的恶习。为脱离攫取和穷竭行为，我们要充分利用另一种同样强大的内在特性，即支持再生的能力。我们要关心自己和他人；要与大自然结合；要相互合作，补充我们用掉的东西，确保为将来留下充裕的资源。这些倾向本来是我们的第二天性，但在现代社会中并未得到充分的培育。该将其提上日程了。

注重再生对我们来说并不陌生。

如果你有子女，请想想在他们经历深深的怀疑的时候，你是怎样支持他们的，请回忆一下你是怎样耐心地倾听他们诉说其担忧并帮助他们保持希望的。你也可以想想当你的朋友在职业上陷入低谷时，你是怎样鼓励他们的，你为增强其自信，进而使其在职业上重新振作起来投入了多少时间和精力。

有时，以再生的方式帮助我们的朋友和家人，甚至帮助远在地球另一侧的陌生人，比将这种方式用于我们自身更容易。前者是高尚的，但最有效的是将它用于我们自身。

在气候危机中，我们每个人都有一种迫切的责任，那就是补充自己和保护自己，避免让自己心力交瘁。为避免出现这种难以为继的情况，多年来，在极端压力之下致力于应对气候变化的我们的一些同事，有时会明智地抽出一些时间在大自然的怀抱或能提供心灵关怀的组织的关爱中恢复体能。他们当中最明智的人将冥想和禅修行为纳入了自己的日常生活。

我们从自身的体验中认识到，持续的个人修行是加强对因各种坏消息而接连受到打击的抵御能力的关键。没有这种个人修行，你就会像在风中摇摆的叶子——来自任何方向的力量都会使你茫然失措。就好像直立的大树一样，你需要坚守自己的观点、原则和信念。同样是度过一天，经过冥想的一天和未经冥想的一天是截然不同的，我们很容易发现二者的差异。冥想无疑是有好处的，多年的冥想必定会结出丰硕的果实，其实这种好处也是你每天都能察觉到的。也许你不喜欢冥想，也许你对这种精神活动没有任何兴趣，这是完全可以理解的，但这并不意味着你不应关心自己。做园艺、做手工、画画、演奏或听音乐、进行体育锻炼、在公园漫步、在河上划船，凡是能使你的身体和心灵感到放松和愉悦的事情，你都可以去做，并将其长期地、有意识地坚持下来。

我们的第一个责任是注意我们是怎样、在什么时候心力交瘁的，并寻求恢复体能的方法。我们的第二个责任是坚持发挥并强化我们向家人和朋友展示的再生能力。但我们不能止步于此。我们的第三个责任是跳出我们最亲密的圈子，与大自然融为一体。

在自然界中，"再生"一词最严格的含义是使生物体受伤的部分恢复到其最初的健康状态的自我生长性愈合过程。举例来说，蝾螈、蜥蜴和海星都有将身体失去的部分重新生长出来的能力。就人类而言，成年人的肝脏在被部分切除或受伤后能够重新生长到原尺寸。我们都看到过我们的皮肤在擦破或受伤后自我修复的奇迹，有时甚至不会留下任何瘢痕。

广义上的"再生"是指某个物种或生态系统在人类撤除其施加的压力后依靠自身力量恢复到原来状态的能力。鲸鱼种群和退化的土地的再生就是很好的例子。深受 19 世纪商业捕鲸活动摧残的灰鲸和座头鲸现在几乎完全恢复到了原来的数量。从禁止捕鲸一事可以看出，如果我们消除这种一味向大自然攫取的压力，动物种群是能够恢复的（当然，这仅适用于尚未被迫走向灭绝的种群）。生态系统也是如此，我们从照片中可以看到，被人类废弃的古代遗迹已被周围的绿色植被覆盖。切尔诺贝利核电站废墟附近繁盛的生态系统就是一个很好的例子：随着人类的离开，植物开始生长，这为滋养土壤的蠕虫和真菌提供了良好的生长条件。现在那里到处是鸟鸣，甚至野猪、熊等大型哺乳动物也回来了。如果我们消除以前施加于大自然的压力，大自然就会逐渐恢复到健康状态。

鉴于气候变化、森林破坏、生物多样性丧失、荒漠化和海洋酸化共同形成的综合性危机，我们已经到了不能幼稚地依赖地球自我恢复的韧性或能力的阶段。大自然本身是能够进行自我恢复的，但这种再生并不总能完全靠其自身的力量来实现。现在，我们几乎摧毁了大自然自我再生的能力。在许多情况下，生态系统的恢复有赖于人类的有意识干预，比如再野化，即我们不仅要消除放牧或不可持续的收割等破坏性压力，还要引进当地原生动物，帮助大自然进行自我修复，逐渐恢复其丰富的生物多样性。在退化或砍伐了森林的土地上种植乔木和灌木是一种有意识的再生活动，有助于土壤恢复健康，提高其肥沃程度，稳定地下含水层。在目前正在进行的著名的苏格兰高地造林活动中，研究人员注意到，如果土地失去了树木的庇护，树木附近的土壤中常见的真菌也会消失。事实证明，菌根真菌对在退化的土地上造林是非常有益的，因此，为加速和加强喀里多尼亚森林的再生，人们在新栽的树苗根部撒了一些原生蘑菇孢子。

珊瑚养殖也是一个有意识促进再生的良好例子。它是从珊瑚礁中收集珊瑚碎片，将其进一步打碎，放置于苗圃中，这些珊瑚碎片在苗圃中的成熟速度远远快于在海洋中的成熟速度。然后，将珊瑚种植到待恢复的受损珊瑚礁上。随着创新型珊瑚养殖方法的出现，科学家们不久就能大规模恢复处于危险中或已经死亡的珍贵珊瑚礁了。大自然是能够进行自我恢复的，但人类有意识的帮助可以促进和加速其恢复进程。在我们的支持下，再生将成为地球未来演变的主导方向。

我们数次将自然界逼到它无法靠自身力量进行恢复的危险边缘。大自然的生长就像一条松紧带，正常情况下可以拉伸和收缩，但如果拉伸过头就会断裂。毫无疑问，大自然的再生现在需要在一定规模上有意识、有计划、有组织地进行。

我们并不能恢复一切。许多物种已经灭绝，再也回不来了；一些生态系统的损伤程度已经超过其恢复能力的极限。但幸运的是，我们还拥有能积极回应我们的呵护和关心的相对坚韧的自然环境。有明确意图和良好规划的再生活动将使我们的生态系统得以恢复，也许这无法将其恢复到以前的状态，但可以恢复到其重获健康且有高度韧性的全新状态。

要实现着眼于再生的思维方式的转变，首先就要承认并深入领会这样一个简单的事实：我们的生活和生存直接依靠大自然。没有氧气，人类在几分钟内就会死亡。我们呼吸的氧气来自陆地上的树木、青草和其他植物，以及海洋中浮游植物的光合作用。我们喝的每一滴水来自降水、冰川、湖泊和河流。没有土地，我们就没有可吃的食物，没有水果、蔬菜或粮食，也没有牛、鸡或羊；没有河流和海洋，我们就没有可消费的鱼类或其他海鲜。没有水，人类活不过一周；没有食物，人类则活不过三周。我们进行的每一次吸气、饮用的每一滴液体和吃下的每一口食物都来自大自然，它们将我们与大自然深深地联系在一起。这是一个简单的基本事实，但我们通常倾向于忽视它或视其为理所当然的事情。

不仅我们的直接生存依赖于正常发挥作用的生态系统，而且我们的身心健康在很大程度上依靠我们与周围的自然界的直接接触。这种接触因城市化水平不断提高和我们在电子产品上花费的时间不断增加而受到威胁。久坐不动的室内生活——通常体现为有限的自然光、糟糕的空气质量、封闭的环境和不断增加的屏幕盯视时间——不仅导致了肥胖和体力下降，还造成了孤立感和压迫感。这些症状被广义地诊断为"自然缺失症"。[1] 反之，研究表明，经常在自然环境中锻炼和花时间与自然接触的人的死亡率、压力和患病概率会大大减小。在自然环境中做游戏、做园艺和观赏自然景观会提升我们的幸福感，同时强化我们对不断变化的光线、天气和季节的敏感性。

亲近大自然是缓解焦虑和压力的有效手段，也是对抗身体疾病的一剂良药。日本保健系统开发了 shinrin-yoku 健康疗法——其字面含义为"森林浴"（而非水浴），或在树林中一边漫步一边思考。这对我们的身心健康是有益的，因为它加强了免疫系统，降低了血压，有助于睡眠，改善了心情，增强了体能。这种疗法成为日本预防性医护和治疗的基石。

越来越多的儿科医生要求儿童尽可能多地在自然环境中自由活动，以消除儿童肥胖症，同时激发儿童的新奇感及其对当地野生动植物和特定地方的热爱。事实上，有些医生认为，观看有关濒危动植物和遥远生态系统的纪录片，并不能替代在家里亲自照看植物，或直接观察蝴蝶、鸟类和蜻蜓的飞翔。

公众越来越认识到我们对地球上生命支持系统的依赖，以及我们与该系统的相互联系，同时也日益意识到恢复生态系统和地球健康的必要性。世界各地的人正在进行种种努力，包括植树，保护红树林和泥炭地，重建湿地，通过收集雨水、种植多年生谷物、种植青草和农业林来恢复退化的土地。但要在全球范围内推广这些解决方案，还需要人们做出更多的努力。

只要有意识地、坚持不懈地努力，再生型思维就会非常有效。这既是一种严酷的心理约束，也是一种需要培养的温和精神。它关乎这样一种认知：我们将超越从他人那里取得我们需要的东西的认知，把自我恢复并帮助他人恢复到更高的体能和获得更高的认知作为我们的重要责任。它还关乎这样一种认知：我们将超越从自然界中攫取和收获我们需要的东西的认知，把保护地球上的生命和提高地球繁育生命的能力作为我们的重要责任，这也是我们保护自身利益的明智方法。个人目标和环境目标是相互联系和相互强化的，二者都需要我们的关注。

再生型思维在大自然的运行方式（再生）和人类组织生活的方式（攫取）之间架起了桥梁。[2] 它使我们得以在人的创造性、解决问题的能力、对地球的强烈热爱等因素的推动下"重新设计人类在地球上的存在形式"[3]。

大卫·爱登堡爵士是当代最著名的自然学家之一，他警告我们"伊甸园不会再有了"。我们同意这种说法，而这正是我们致力于打造"意向园"的原因，所谓"意向园"是指我们特意打造的再生人类世。

请想象一下：数百万个再野化项目打造了超过十亿公顷的森林，重建了湿地和草地，恢复了所有热带海洋中的珊瑚养殖场，它们取代了露天采矿的山脉、被破坏的森林和渐趋枯竭的海洋。

再生的人类世是坐等不来的，它有赖于我们的设计和创造。有了目标和方向，我们就能从目前的攫取型增长社会转向奉行再生性理念、原则和行为的生命支持型社会。

我们能够开启旨在确保人类成为对所有生态系统乃至整个地球都具有生命支持型影响的再生型人类文化。我们不仅需要政策专家，也需要艺术家；不仅需要行业领袖，也需要农民；不仅需要发明家，也需要祖母/外祖母；不仅需要科学家，也需要本土的带路人。

我们能够将再生选定为我们生活和活动的根本性设计原则。我们能够恢复土地和社区的韧性，同时治愈我们的心灵。我们的企业战略会议和家庭团聚除了要确保碳中和，还要推行再生型项目。在这些项目中，我们通过利用土壤或水，共同采取恢复而不是破坏我们星球上的生命的行动。

我们须将行动指针从以自我为中心转向与大自然一致。我们须通过重要的压力测试检查每项行动，在这方面，我们必须相当严格地执行。在考虑一项行动时，我们应该发问：它能否积极服务于人类与自然作为一个统一的整体在地球上的共存共荣？如果答案是肯定的，则合格；如果答案是否定的，则不合格。没有商量的余地。

这不是遥远的梦，而是已经在进行中的事情。和著名作家阿兰达蒂·洛伊一样，我们也能够说："另一个世界不仅存在，而且就在前方。也许我们当中的许多人不会去专门迎接它，但当我在某个安静的日子里非常仔细地倾听时，我会听到它的呼吸声。"

我们选择的未来——"碳中和"公民行动指南

十大行动

TEN
ACTIONS

十项行动涉及的不仅仅是用新能源替代化石燃料和投资于技术解决方案，还有建立避免进一步挤压社会系统的更加公平的经济体系，形成人人尽责的强有力的政治参与方式，抛弃对过去的留恋，指出重建这样的过去的危险性。

第八章
气候危机下的个人行动方案

在 2015 年 12 月巴黎谈判的第一个周末即将到来之时，正当我们在克里斯蒂安娜的办公室忙活的时候，突然传来了一阵敲门声。

联合国安全部部长凯文·欧汉伦走了进来。我们在一起工作了很多年，因此我一眼就能看出来挂在他脸上的焦虑。

"我们发现了一枚炸弹。"

这是让我们一直以来深感恐惧的噩梦。

鉴于巴黎最近接连发生的多起恐怖袭击事件，我们让东道国安全部队承担了联合国会场进出口区域的安保工作。根据法律，联合国谈判会场在会议期间被视为"域外区"，因而不属于东道国主权所辖区域。但为了筹办第 21 届联合国气候变化大会，我们简直把巴黎布尔歇机场变成了一个大型会议中心，加之来自 195 个国家的 25 000 人聚集于此，显然，这里很容易成为恐怖袭击的目标。我们深知，我们需要法国执法队伍，特别是法国专业反恐警察及其嗅弹犬的协助。

30 000 名警察被部署在全法各地，另外设立了 238 个安检站。安全等级被提到了前所未有的高度，而我们在联合国会场要完成的工作也将是前所未有的。现在，我们置身于这场联合国历史上最大的气候变化谈判已经 5 天了。我们要完成的任务是巨大的。

凯文解释说，这枚炸弹是在客运枢纽布尔歇地铁站的一个垃圾袋中被发现的。而这个地铁站对这次大会来说算是一个主要车站——25 000 名与会者每天往返于此。克里斯蒂安娜的两个女儿每天在这里上下车至少两次。汤姆家里有两个孩子，每天等着他回家。我们对视了片刻，从对方的眼中看到了三个星期前发生在巴黎和圣丹尼的一幕：碎玻璃、鲜血、尸体和哭泣的家人。

这枚炸弹最终被拆除了，但我们无从断定这个地方是不是还有更多的爆炸装置。

一切都处于未定状态。经过多年的努力，我们终于拟定了全球气候协定草案。我们有实现净零碳经济的长期目标，有保护脆弱生态系统的话语体系，甚至有定期强化减排、努力将全球气温上升幅度控制在"远低于 2 摄氏度"的制动机制。这些宏远目标都已被列在草案中，但我们无法保证这些目标能在多国政府要求将其删除的政治压力下安然无恙。不仅如此，我们想要达成更多目标。我们希望通过这份协定，实现将气温上升最大幅度控制在 1.5 摄氏度的目标。如果全球气温上升 2 摄氏度，那么它造成的基础设施破坏、生态破坏，以及危及生命的热浪、饥饿和缺水现象的程度将是目前的三倍。反之，我们如果将其控制在 1.5 摄氏度以内，就可以挽救数百万条生命，甚至地势较低的岛屿和沿海低地也有可能幸存。如果取消了这次大会，那我们不知道我们是否还有达成协定的机会——可怕的政治障碍依然存在，各种抵制力量开始聚集起来阻碍世界向着更好的方向发展。

这是我们的机会。

现在正是需要做出决定的时刻。

假如我们终止这次大会，我们就会失去达成全球气候协定的机会；假如我们把这次大会进行下去，与其有关的全部风险也会存在下去吗？克里斯蒂安娜曾多次做出艰难的选择，但这次的事件并不是一个母亲应该去做的选择。

此刻，所有的风险、恐惧和损失一起向我们袭来。这是一个可怕的境地，我们不能长时间滞留于此。我们必须行动起来，无论采取哪一种方式。

你也面临着选择，你也深知其中的风险。

你去做那种选择并为此采取行动的时间正在变得越来越少。我们讨论了每个人都需要培养的有助于应对全球气候危机的思维方式，但仅仅有这些是远远不够的。要使变化成为变革，我们就必须将思维方式的变化付诸行动。

我们希望选择可再生的未来，而打造可再生的未来所必需的行动有十项。关于这十项行动，有的是我们熟悉的，有的则是陌生的。我们要考虑的不仅仅是我们努力创造的世界，还有这种努力所蕴含的风险。

从某个层面来看，解决气候危机的基本方法是再明显不过的了：我们要停止向大气排放温室气体。但要实现这个目标，我们还要寻求诸多更为具体的方法。

温室气体排放是人类饮食、出行等生存活动的直接结果。我们的行为方式和生存方式与正在毁灭这个星球的力量纠缠在一起，这不是拧一下开关就能停下来的事情，停止排放温室气体绝非易事。[1] 请权衡一下这方面的利弊：在想象的世界里，我们可以立即停止使用一切化石燃料，但在现实世界里，如果我们剥夺人们习以为常的东西，怕是过不了几周（如果不是几天）就会发生一场全球性革命。

另外，如果政府不尽力，对危及年轻人和子孙后代生活的情形的恶化听之任之，大规模暴动也是很可能发生的，也许现在就已经在酝酿中了。[2]

我们需要变革性的变化，其速度是科学发展所要求的，其方式是符合民主的——也就是说，如果不希望陷入暴政或无政府状态，我们就必须这样做。这一点是至关重要的。在未来的几十年里，气候变化将以更大规模、更致命的方式呈现，导致发生更多的被迫性迁徙、农业产量变化和极端天气。日益民粹化的领导人试图通过主张保护其统治下人们的短期利益来证明其行为的正当性，而这可能妨碍人们为消除导致气候变化的根本原因做出努力，从而进一步加深危机。在当今的政治环境下，即使是最漫不经心的观察者也能看出，这种风险不仅仅是理论上的。叙利亚长达 5 年的干旱堪称有记录以来最严重的一次，它摧毁了叙利亚的农业，迫使许多农村家庭迁移到城市。此前已有大量难民从战火中的伊拉克涌入，这种复合性的紧张局势引发了叙利亚内战和巴沙尔·阿萨德的暴行。随后，主要来自叙利亚的大量难民流入欧洲，德国总理安格拉·默克尔最终允许他们进入德国。[3]这导致德国政治体系发生了根本性变化，极右翼的德国选择党（AfD）得票率从 3% 跃升到 16%，现已成为德国重要的政治力量。[4] 这削弱了当时欧盟事实上的领导人默克尔的势力，进而影响了欧洲乃至更大范围的政治局势。

在气候变化的影响日益严峻的情况下，我们要想拒绝极端主义政治，就要做好远远超过今天的准备。我们在此阐述的十项行动试图说明的不仅仅是如何进行减排的问题，还包括作为一个社会，我们该如何加强抵制极端主义潮流的韧性，因为这种潮流只能将我们拉向错误的方向。

我们呼吁的十项行动涉及的不仅仅是用新能源替代化石燃料和投资于技术解决方案，还有建立避免进一步挤压社会系统的更加公平的经济体系，形成人人尽责的强有力的政治参与方式，抛弃对过去的留恋，指出重建这样的过去的危险性。其他内容可能会让人觉得与气候变化问题没有多大关系，但这些内容是我们的回应的基本组成部分。我们必须走出指责和惩罚的怪圈，奉行我们极度需要的协同精神。我们不能再挤压社会保障网络、继续扩大不平等程度了，否则我们的民主体制就无法允许经济领域发生进一步的变动。我们要同时注意这个问题的方方面面。

我们即将对你提出的要求意义重大。这并非只对你的生活方式做出些许改变——尽管这些改变可能也是重要的——而是对我们选定的诸多当务之急进行变革，以期创造一个人人茁壮成长的未来。这将涉及发展和利用我们在上一节谈到的思想品质，并利用它们采取更大的步骤来创造一个新的世界。

没人能完全掌控世界最终选择的道路及我们的未来的样子，但我们每个人都能参与这十项行动，在这场创建再生世界的变革中献计献策。

我们共同造就了绚丽多彩的历史。当我们将思绪投向那些生活在具有重大意义的时期的人时，我们就会自然而然地觉得如果我们生活在那个时期，那我们一定是那些做出高尚选择的人，而不是随波逐流、一事无成的人。毕竟，这是我们的机会。这些行动无一不是你能够身体力行的，即使它们最后被归结为敦促他人认真看待气候变化。我们希望你在读完这本书后会认识到，你是能够有所作为的。

我们再也承受不起沉溺于无能为力的感觉中不能自拔。

我们再也承受不起将应对气候变化视为国家、地方政府、某些公司或个人独自承担的责任。这是一个人人随时随地都能有所贡献的使命，无论作为个人还是作为集体的一分子，我们都应承担起自己的责任。你在生活中扮演着许多角色——父亲/母亲、配偶、朋友、专家、信徒或不可知论者。

你可能拥有巨额财富，也可能一无所有；你可能是某家公司的董事会成员，也可能领导着一个城市、省份或国家。无论你是谁，你扮演的每个角色都需要你的投入。

改变我们的思维方式至关重要，但这还不够。我们恳请你尽力专注于行动。首先选取这十项行动中的一项或两项行动起来。请选取对你来说最有意义的领域，然后挑战自己，让自己随着时间的推移做得更多。要知道，我们的讨论仅能指出方向（当然，在这个特定时刻，对我们的思考指点迷津也是很难得的），但我们都能做更多的事情，做出实实在在的改变。[5] 如果读完这本书后，你决心投身于这一事业，那么你就要做出超越我们所列出的那些内容的行动了。

想必你已经知道炸弹故事的结局了。

无论代价如何，我们一定要做那些必做之事。

我们知道，真正保护我们子孙后代的唯一办法是将保护全人类和地球家园的工作勇敢地、义无反顾地继续下去。地铁站仍是敞开的，会议仍在进行中。这样做并不是没有风险，但是我们无一对此感到后悔。我们希望，十年以后，我们也能对我们所做的共同行动说出同样的话。

做我们能做之事的时代已经过去了。

现在，我们每个人必须做那些必做之事。

行动 1

放手旧世界，与他人面对面拥抱希望

为应对气候危机的挑战，保护我们珍视的一切，保持民主、社会公正、人权和其他来之不易的自由，我们必须与那些威胁到它们的生存的事物分道扬镳。现在正是我们使我们的生活、工作和彼此相处的方式发生深刻转变的时候。为做到这一点，我们需要采取一系列有明确意图的行动。

第一项行动是缅怀过去，然后任其逝去。

化石燃料极大地促进了人类社会的发展，但对它的持续使用对我们的健康、生态系统和气候造成了非同寻常的损害，因此它是难以被继续容忍的。现实可行的替代方式更为安全。现在正是我们感谢化石燃料，停止使用化石燃料，然后继续前进的时候。

目前我们要进行的诸多深刻转变也处于这种情况。当今社会的各个组成部分，比如我们现在意识到存在某些危害的能源、运输和农业系统，势必要经历彻底的变革。

让我们都认识到要有所改变并非易事。我们往往会依恋熟悉的事物，而抗拒陌生的事物，即使在陌生事物给我们带来巨大利益时亦是如此。英国出现的反对陆上风力涡轮机的现象就是一个很好的例子。尽管陆上风力现已成为价格最低廉的能源[6]（比煤炭、石油、天然气和其他可再生能源低廉），但农村土地拥有者对此强烈抵制，他们更热衷于保持农村的本来面貌。保守党（其支持力量有许多来自农村社区）在上台后削减了陆上风力发电的补贴，并改动了这方面的规划法案，致使新装机容量缩减 80%。[7]直到现在，随着英国公众对气候变化的意识的迅速提高，英国公众对陆上风力发电的支持才超过对昔日农村风光的留恋。

但我们仍要警惕有些个人和行业对我们为将全球气温上升幅度控制在 1.5 摄氏度以内而要进行的变革的竭力反对。他们散播恐惧和迟疑，资助反对者，诱使我们陷入毫无建设性的相互指责游戏，我们需要很好地对这些现象进行抵制。

变化使我们很容易成为部落意识和确定性幻觉的俘虏。在我们向再生世界过渡的过程中，最大的风险之一是政治核心定力不足，人们很容易对政治谱系中任何一端民粹主义领导人的轻率承诺感到迷惑。历史和目前的早期迹象表明，这也许是呈现在我们面前的新现实，民主转为暴政的威胁是现实存在的。无论如何，我们不能重返造成当今气候危机的生活方式，但从政治层面来说，踏入新领域颇具挑战性。目前横扫世界各地的政治冲击仅仅是个开端。

变化还会引发指责。有些声称站在气候变化争论正确方的人的说辞中充斥着不少排斥或指责之词。指责现已成为我们与气候变化之间的关系中的一股颇为汹涌的潮流，其矛头指向的是发达国家、石油行业、资本主义及公司、特定国家和老一代人。愤慨无可厚非，尤其是目前我们确定无疑地知道有些公司为谋取经济利益，几十年来一直在隐瞒气候变化的真相。[8] 在这些情况下，我们一直在呼吁公正和走正当程序，同时我们应当将其付诸实施。

但指责对我们来说确实无益。指责让我们有一种得到补偿的错觉，但实际上它并不能使我们得到真正意义上的补偿。指责吞噬着我们，使我们本应采取建设性行动的多年时间白白流逝。历史非常明确地表明，人类一旦开始相互指责，就很难停下来。第一次世界大战结束后，诸盟国羞辱德国，迫使其接受全部战争责任，向其索取严重损伤其国力的赔款。历史学家一致认为，这为法西斯主义的崛起铺平了道路，进而导致二十年后的第二次大规模全球冲突的发生。[9]

以下是我们为弃旧图新和抑制冲动能做的事情。

专注于前进的方向，而不是长期以来熟悉的一切。无论如何，你都要培养并坚守你对未来的建设性愿景。当看清脚下的道路时，你就不会再害怕放手过去。

　　加强对恋旧情绪的免疫力。要认清并体会到我们所处世界的固有无常性，养成不执迷的行为方式。我们都很容易沉湎于重建过去的渴望，但历史告诉我们，在发生深刻变化之际，我们的恋旧情绪有可能发挥反作用。它有可能分散我们对当前紧迫工作的注意力，政界领导人有可能利用我们对过去的依恋来操控我们的情绪，骗我们同意去做不道德的事。

　　打破幻想的泡沫。如果我们不能充分理解和接受彼此深藏的价值观和合理的关切，我们的社会就不可能有大的改变。社会的某些部分可能会出于某种理由而继续抵制变化，我们如果在没有理解它们的情形下就强行有所作为，就会遭遇挫败。2018 年，法国总统伊曼纽尔·马克龙试图通过提高燃料税实现减排和减少空气污染的目的，但他未能获得所有人，特别是那些挣扎着勉强维持生计、面临着前所未有的通勤费用上涨的人的支持。结果人们发起了愤怒的抗议，使政府完全措手不及。法国"黄背心运动"中的活动人士迫使马克龙放弃了原定计划。[10] 为什么这种彼此分裂的现象会发生？部分原因是我们日常接触的媒体类型让我们变得越发分裂。我们往往倾向于阅读那些反映和支持自身观点的内容，以强化我们希望听到和已经相信的东西。巧妙设计的算法强化了我们在互联网和社交媒体上的视听内容。[11]

这意味着我们通常对他人内心真正看重或思考的东西一无所知。

请从互联网中走出来，试着认识一下你的邻居、在食品杂货店排队的人或上下班时一起乘车的人吧。你不妨质疑一下自己的那些你一向自以为正确的想法，同时警惕那些错误和虚假的信息。请与他人面对面地分享你的希望和恐惧，倾听他人的想法，并做到真诚和尊重他人。

1990 年的一天，南非总统 F. W. 德克勒克告诉在狱中度过了 27 年的纳尔逊·曼德拉，他将在 24 个小时内获释。第二天，曼德拉走出了维克托·韦斯特监狱，走入历史。他要走过一个院子，走出院子后就成了自由人。正如他后来回忆的那样，他知道，如果他在走出外墙前不原谅那些抓捕他的人，他就永远走不出来。但这并不意味着他忘记了那些。之后他建立的真相与和解委员会在帮助南非摆脱种族隔离、告别过去方面发挥了显著作用。真相与和解委员会允许任何曾经是暴力受害者的人在正式场合发出他们的声音。另外，曾犯有暴行的人也可以当庭供述，并请求控方赦免。曼德拉的成就及其建立的程序极大地促进了南非的转型——从种族隔离国家转变为与此截然不同的新国家。

过去终究被丢弃了，未来也终于获得了成长的空间。

我们也必须放弃以化石燃料为主导的过去，且不应就此相互进行指责。这种放手是至关重要的，也必须是有意为之。我们为放手旧世界并自信地走向未来所做的越多，我们开辟前进道路的能力就越强大。

行动 2

憧憬新世界，给孩子创造可再生的未来

　　我们记忆中的春夏秋冬和干湿季节的变化与我们的孩子及孩子的孩子所感受到的将会截然不同。现在 50 岁以上的人普遍感受到他们记忆中童年时代的天气形态正在发生迅速而剧烈的变化。冰川和湖泊在迅速退化，海洋在塑料垃圾的覆盖下走向窒息。[12] 年代久远的尸骨和疾病浮现在永冻层上。[13] 我们亲身经历着气象和景观的变化，作为千年指示标的大自然节律消失了，我们对世界运行方式的理解解体了，万物在过去是什么样的对现在而言已经没有任何意义。

　　我们无法逃避生物多样性的丧失和子孙后代因贫困而产生的痛苦。我们必须切身感受这一全新现实的强大威力。有一种力量促使我们有意识地目睹着展现在我们面前的一切，无处躲藏。与直觉相反的是，当你从内心深处接受了某种现实时，你的实际感觉反而会更好。我们还要放眼未来，着眼于我们仍有能力实现的一切。即将发生的变化比我们经历的历史更令人迷茫，这就如同走路一样，我们如果无法看清目标所在，那么就很容易失足。我们要对这一现实负起应有的责任，鼓起全部勇气直面不确定的未来。要做到这一点，我们就要理解为什么现在必须坚定不移地致力于此。

多年来，世界上的一些国家一直在试图达成一份全球气候变化协定。随着时间的推移，这项任务竟变得包罗万象，我们努力去完成的事业与我们选择完成这项事业的原因融为一体：达成一份全球协定是愿景，而这份全球协定是强大且重要的，但实际上这份协定是一个服务于愿景的目标，这个愿景就是建立一个人类和大自然欣欣向荣的再生世界。

愿景与目标这两个概念很容易被混淆。目标是我们在实现愿景的道路上设定的具体目的，包括我们在实现愿景的过程中所采取的一系列战略和战术。设定目标极为重要，但我们还需要用愿景去激励我们培养赖以克服未来困难的专注力和干劲。如果没有愿景，只有目标，我们就可能缺乏实现愿景所必需的灵活性。

如果我们忽略大局，只是执着于其实现方法，那么最好的结果是我们前进的步伐停滞下来，最差的结果则是我们陷入纷争。

不过，对那些迫切想要采取行动的人来说，执着于实现愿景可能给人不负责任和脱离现实的错觉。当今世界问题重重：被日益狂暴的气象模式摧毁的社群；不可弥合的贫富鸿沟；只顾短期利益而忽视长期价值的唯利是图的跨国公司；热衷于利用国家间（和国内）分歧获利的政界领导人。在我们深陷于这些问题的时候，怀有愿景可能让人看起来天真幼稚和一厢情愿。绘制美好世界的愿景与同心协力将其实现截然不同，二者之间的差距有时可能看起来是不可跨越的。

虽然心怀愿景不可或缺，但我们也要以开放的心态采用新方式做事。因此请坚守你的愿景，但在实现愿景的过程中要具备恰当的灵活性和适应性。实现愿景的途径可能会因实际情况的变化而变化，但愿景则犹如恒定的北极星，为我们完成目标提供指引。

首先要问为什么。坚持对愿景的追求，并不一定要求你相信愿景很可能会实现，或认为实现愿景的道路畅通无阻。

鉴于本书开头部分列举的几种情况，你可能会断定，如果在这方面不能及时掉头，我们就会碰壁，愿景就不可能实现。这种想法并不是毫无道理的，毫无道理的是假想我们建设美好未来的理由会受到蔑视。我们每天都要用坚定的乐观态度激励自己，要始终记住为什么你觉得未来是值得奋斗的。这个必不可少的"为什么"应当成为一种力量，推动我们做出为遏制气候变化的一切努力。

想象必不可少。我们建构这个世界的思想意识和方式看起来非常根深蒂固，但它们比你想象的更容易受到重大破坏。埃米琳·潘克赫斯特及其领导的妇女参政运动仅用了略多于十年的时间就迫使英国政府给予了妇女投票权。[14] 苏联看上去是那么坚不可摧，真有点儿万世永存的样子，但裂缝一旦出现，仅仅用了几个月的时间，这个大国就解体了。[15]

1939 年，通用汽车公司向前来参加纽约世界博览会的来宾展示了其颇具想象力的对未来的愿景。这一愿景被称为"未来奇观"，它是一个巨大的模型，包含无数的高层建筑、广阔的郊区及将其连接起来的高速公路，当然，这些都离不开汽车。[16]

我们要将目前无序蔓延的市区打造成适合未来的形式，那么想象力必不可少。一些未来学家预计，在未来十年里，无人驾驶的共享型随叫随到电动汽车的兴起意味着我们出行所需的汽车数量将比现在减少 80%。[17] 而这将使目前用作停车场的城市空间大面积解放。

举例来说，就伦敦而言，这意味着目前用来停放汽车的

70% 的空间——相当于 5 000 个体育场——可用来种植农作物、恢复自然风光或建造可持续住宅。[18]

在我们所想象的能长期存在的事物中，有许多事物的存在时间比我们意识到的更为短暂。想象力有时可能显得天真幼稚，但不要小看这种畅想的力量。历史一再证明，每当需要某种新事物问世时，社会总能将看起来荒诞不经的东西变成现实。

专注于新生事物。有时我们会觉得自己很失败。无论我们的进步有多大，我们总会看到环境和社会出现一些恶化。令人沮丧的是，会有人死于气候变化，我们赖以生活的土地会变得不适合居住，有些物种将先后灭绝，这都会使我们感到痛苦，而这些痛苦也是我们必须经历的。请为这无法避免的悲伤留出足够的时间和空间，并向你所在的社群寻求支持——这二者都极其重要。我们不能也不应该逃避痛苦。我们应当将令人心碎的痛苦化为采取更大行动的力量，而不是陷入指责、绝望或失望的泥潭，不能自拔。

正如玛雅·安吉罗的雄辩："你可能会遭遇许多失败，但你绝不能被击败。事实上，遭遇失败也许是必要的，因为这会使你真正认识到你是谁，你赖以崛起的东西是什么，你该怎样从失败中走出来。"[19]

富有吸引力的愿景就像悬在未来世界的钩子，将你与正在显现的诸多可能性连接在一起，并帮助你将其拉到现实中。请守住愿景。对于你认为可能实现的世界的样子，你要坚定不移地去守护。对那种认为我们无法自己解决问题的想法，这就像是给了它一记耳光。

马丁·路德·金于1963年8月站在林肯纪念堂的台阶上时，美国种族关系的前景黯淡无光。就在那之前几个月，亚拉巴马州州长乔治·华莱士站在亚拉巴马州议会大厦外宣称："今天有种族隔离，明天有种族隔离，永远都有种族隔离！"为了执行种族隔离政策，警察放出警犬并使用高压水枪对付抗议者，甚至不放过年仅6岁的儿童。即使是那些支持民权的人也认为变革遥遥无期，希望渺茫。在这一背景下，马丁·路德·金的《我有一个梦想》的演讲犹如黑暗中的一道亮光。他不知道事态会怎样发展，但他依然坚守着那个使人们不分种族都能受到公平对待的理想社会的梦想。第二年，他的坚持促成了《民权法案》的通过。即使在他去世后，其梦想也仍延续在人们心中，鼓舞着世界各国人发起争取平等权利的运动，并将非暴力抗议作为政治抗议运动的基石嵌入其中。[20]

在愿景和想象的积极作用下，世界会变得更加丰富多彩，是生机勃勃、激动人心、充满欢乐的。在这个错综复杂的时代，我们常常感叹我们缺少一些能够为我们指明道路并指导我们前进的世界领袖。这些人的存在颇为重要。但我们都必须相信这个世界是值得拯救的，一个再生的未来也是完全有可能存在的。归根结底，我们希望我们的民主制度可以造就开明的领袖，但问题并非仅靠他们就能解决。他们也许可以解决部分问题，但人类的生存不能依赖于壁垒分明的选民和他们党同伐异的狂热。恰恰相反，只有人人怀有对美好未来的强烈愿景，我们才有可能创造再生未来。

行动 3

筛选优质信息，谣言比病毒更可怕

三个世纪前，爱尔兰作家乔纳森·斯威夫特写道："谎言满天飞，真相跛足行。"[21] 这是多么有预见性的睿智之言啊！麻省理工学院最近开展的一项分析表明，谎言的扩散速度一般比真相快 6 倍，真相永远达不到同等水平的传播程度。[22] 而社交媒体则是促进谎言产生和散布的引擎。

这种情况对我们的社会，特别是对我们团结起来应对气候危机等错综复杂的长期威胁造成了严重后果。在这个"后真相"时代，诋毁科学已成为一种潮流。

科学的方法体系日渐被磨损，科学的客观性正受到攻击。一些政界领导人选择对客观现实视而不见。社交媒体的兴起为这些领导人掩盖事实提供了足够的机会。这种趋向主观性的做法成为滋生压迫和暴政的温床。我们的当务之急是认清并消灭这种对真相的攻击，因为如果任其继续发展，我们就会永远失去我们赖以扭转气候危机的这扇小小的机会之窗。

确实，历史上并未出现过领导人在任何时候都讲真话的时代，但现在，谎言正以一种超越以往的严重程度在政治领域肆虐。

人类在"后真相"世界中变得脆弱是有原因的，我们天生倾向于就我们已经相信的事物寻求证据，而不是寻求基于客观现实的证据。[23]

当我们的信念得到确认时，那种感觉对我们来说真是太好了，我们总是会以积极的情绪回应任何给我们带来这种美好感觉的人。因此，如果某位领导人使我们认为疫苗会导致自闭症或气候变化是个骗局，或他证实了其他任何我们自以为正确的事情，我们就会激动得浑身颤抖。有大量的文献充分研究并证明了这种现象，它被称为"确认偏见"。[24]

气候变化会导致灾难，而且是如汹涌的波涛般向我们袭来的灾难，如大城市被淹没、岛屿沉没、移民潮不断高涨等。在这些使我们变得极度脆弱的时刻，具有专制本能的领导人却希望抓住这个机会巩固其权力。民粹主义的专制统治者谋求的并非采用长远方案解决错综复杂的气候危机，而是寻找替罪羊。我们坚决不能允许他们利用未来灾难来加剧危及我们所有人的悲剧。

以下是我们为捍卫真相所能做的事。

解放思想。 在"后真相"世界里，你最终要对自己选择相信的事情负责。不要误解，这个问题并不是气候危机引发的后续问题。如果我们不能就某件已被证明是事实的事情达成一致，在遇到大问题时，我们就会束手无策，因为气候变化就是个大问题。

气候变化的现实最终激起了公众真正的愤怒，人们纷纷走上街头进行抗议。只要我们还能在社会中保持以客观真相为依据，我们的民主制度就不可能长期对我们的诉求充耳不闻。我们必须有意识地进入自我反思状态，扪心自问，我们是否在有意识地选择只相信那些并不挑战我们立场的信息。举例来说，你正在读这本书这一事实也许就是一个体现你自身确认偏见的例子。还有，你总是热切地相信你所赞同的政界领导人，而选择不相信那些你不赞同的领导人。你要努力强制自己用自己不习惯的思考方向和方式进行思考。跳出常规的既有思考模式是我们保护集体自由的根本行动。请做好这件事。

学会区分真科学与伪科学。 2017 年，由默瑟家族基金会提供部分资助的保守派智库哈特兰研究所向全美国的 30 万名中小学教师寄送了装帧精美的气候学课本。这本书最初的目标读者为政策制定者，出版于 2015 年，与巴黎气候谈判不谋而合。这本书名为《为什么科学家们对全球变暖现象意见不一》，该书一开始就提到："在这场关于全球变暖的争论中，人们传诵最广的观点很可能是'97% 的科学家认为'气候变化是人为因素造成的，而且是危险的。这种观点不仅是错误的，而且其在争论中的存在就是对科学的侮辱。"这本署名为"杰出气候学家"的课本是寄送给教师的，并附函敦促其在课堂上使用此书和附赠的 DVD（高密度数字视频光盘）。哈特兰研究所倡导否定传统气候学，鼓励人们"向独立的非政府组织和超脱于金融和政治利益冲突的科学家寻求建议"，而不是依赖于联合国政府间气候变化专门委员会（IPCC）提供的科学建议。

对收到这本书的一些人来说，要确定这本书是真正的科学还是无意义的闲扯，以及其作者是否为名副其实的杰出气候学家极其困难。事实上，这本书的作者之一曾任皮博迪能源公司（已破产的煤炭企业）环境科学主任。该作者拥有地理学而非气候学硕士及博士学位。他的重要身份之一是非政府间国际气候变化专门委员会（NIPCC）诸多报告的首席作者。请注意，这个委员会的名称和联合国支持的 IPCC 存在明显的相似性，二者很容易被混淆。NIPCC 实际上是哈特兰研究所主持的项目。许多教师立即意识到该课本的性质为非科学宣传，但那些未意识到这一点而将该课本用于课堂的教师则对其学生产生了长期的影响。

这个故事给了我们一个很好的教训：即使一份文件看起来很"官方"，装帧很精美，而且出自真正的科学家之手，我们也应谨慎对待其内容。至关重要的是，你要做出额外的努力，以确定你的意见是基于事实还是建立在想象基础上的。你要核查你的信息来源。如有必要，还要跟踪资金流向。确定相应研究的资金来源，无论该研究是气候学文件、报告还是文章。查明该研究是否由知名大学或其他知名学术机构委托进行。最简单的方法是查明该研究是否经过"同行评议"，即是否由本领域其他专家进行过审查和评估。举例来说，IPCC 于 2018 年 10 月发表的关于将全球气温上升幅度控制在 1.5 摄氏度的报告就是 40 个国家的 91 名作者和编审合作的结果。大多数主流报纸拥有旨在确保来稿通过同样评议或符合类似标准的编辑方针，以确保其内容的可靠性，但你在阅读相关内容之前进行核查仍必不可少。

不要对气候变化否定论者失去耐心。随着我们完全进入"后真相"时代,对真相的渴望和对思想意识的坚持之间的割裂成为我们每个人不得不面对的问题。有些人虽然不由自主地倾向于某个观点,但对真相有更深切的渴望,而另外一些人则无视事实,一味盲从于某个观点。事实上,处于后一个极端的人已经脱离现实,再也看不到事实所起的作用。许多人甚至在其家庭中也是如此。只有事实并不足以改变气候变化否定论者的思想意识,因此向他们展示统计数据和信息来源无济于事。我们只有真诚倾听他们的意见,努力理解他们的想法,才能走进他们的内心。我们只有关心、关爱和关注每个人,才能克服那些将我们分割的力量。

对那些在柏林墙倒塌和双子塔坍塌之间的年代里步入成年期的人来说,当今世界确实显得很陌生。在那些年代,人们对人类进步的方式达成了普遍共识。一些人可能希望回到那个在各方面都相对简单的年代,这使其很容易被那些试图带领我们后退而不是着眼于将来的领导人的承诺蛊惑。

未来将是另一番模样且错综复杂,而社交媒体这个魔鬼是不可能被收入瓶中而消失的。一个不容回避的事实是,如果人类希望控制其制造出来的魔鬼,就必须努力抓住真相并对其进行妥善处理。如果我们希望同心协力应对气候危机，阻止目前迅速加剧且规模越来越大的物种灭绝，我们就必须认清并承担起自己的责任，捍卫关于气候变化及其后果的无可辩驳的事实。我们都要对我们认为真实的事物负责，并在它受到攻击时坚决捍卫它。我们的成功有赖于以彻底批判的方式对待左右我们观点、意见和行动的信息。我们的成功还有赖于对谎言的消灭，特别是那些有可能左右我们在气候变化问题上的行为方式的谎言。一旦这种做法成为习惯，一旦我们能熟练地确定哪些东西是真实的，我们就更容易驱散目前笼罩着我们的虚假信息迷雾，和克服竞相分散我们注意力的日常干扰。当我们以这种方式捍卫并推进基于事实的现实时，我们所向往的再生未来及我们走向未来的途径就会异常鲜明地呈现在我们面前。

行动 4

把自己看作公民，而不是消费者

南印度猴捕捉器是一个看似精巧实则冷酷的装置。它的运作机制是把一只椰子用桩子插到地面上，并在椰子上凿一个洞，洞中放一个糯米团。猴子在嗅到糯米团的味道后，会走过来把手伸到洞中去抓糯米团。但因洞口太小，它手握糯米团的拳头无法从洞口缩回，而出于本能，猴子会一直手握糯米团。可以说，使其陷入罗网的是其本能，而非外物：假如它放弃糯米团，它就能获得自由。

我们与消费（购买、使用、丢弃等行为）的关系亦是如此：我们知道消费套住了我们，但它已经深深地嵌入了我们的灵魂，达到了几乎成为我们的本能的程度——我们已经不可能舍弃它了。

我们想买的许多东西本身就是为凸显我们的身份而设计的。在设计时，特定品牌的服装、肥皂、曲奇饼、电视机和汽车就是以某个群体为目标客户的，而这些商品的属性是由销售这些产品的消费品企业精心培育的。人们的身份与消费结合得越来越紧密。举例来说，在英国，一个普通人每年会消费 65 磅① 以上的衣物，相当于大约 5 台洗衣机的容量。[25] 人们之所以购买这么多衣物，主要是因为时尚品位每季都在变。这种变化因其本身的性质而要求我们定期清理衣橱，然后到商店排队购买新衣服。

但时装业隐匿着巨大的碳消耗足迹。在污染方面，纺织品生产导致的污染仅次于石油行业。它向大气中排放的温室气体比国际航空和海运业排放的总和还要多。据估计，时装业二氧化碳排放量竟占全球二氧化碳总排放量的 10%，[26] 随着我们对快速时装消费量的增加，相关排放注定会迅速攀升。

经济增长的引擎有赖于我们持续的支出。20 世纪 20 年代，一些美国人担心很容易感到满足的新一代正在形成，而这会成为经济增长的阻碍。赫伯特·胡佛总统的近期经济变革委员会在 1929 年断定，广告是必要的，以创造"新的需求，它们一旦得到满足，就会为永不停歇地更新的需求迅速让步"。[27]

---

① 1 磅约为 0.45 千克。——编者注

当今消费品企业投入大量资金用于将我们固着于上述消费周期。这些企业的营销和广告预算颇为巨大。在美国，2019年超级碗赛事（电视转播观看人次最多的体育赛事之一）期间，一则30秒的广告价格在500万美元以上。[28] 在线商城亚马逊仅2018年的广告收入就高达100亿美元。[29] 在一个充斥着消费品和快速消费主义的世界中，每年的广告投入超过5 500亿美元。[30]

更为重要的是，无数商品是被有意设计为定期淘汰型的，以便届时用新产品取代它们，这促进了更大的经济增长。一次性塑料制品就是其典型代表。事实上，几乎所有消费品都被设计为定期淘汰型，即经过一定时期后就会过时并被淘汰。某些商品的保质期很少超过三年，因为这些商品很可能在超过该期限后就不再适合使用了。购买新产品的价格通常比更换零部件还要低。更新的软件无法被安装到旧电脑中，这意味着你必须换掉旧电脑。这方面的例子不胜枚举，实在令人郁闷。结果，修补、维修、复原等工艺都在逐渐凋零。

在全球经济中，供应链通常会延伸到全世界，然后返回本地。每个环节代表着一个不同于其他环节的生产阶段，通常由不同的企业运转。举例来说，你的智能手机就涉及从在玻利维亚进行的贵金属开采到在中国进行的最终产品的包装。因此，我们很难确定大公司供应链中的哪些部件符合可持续性要求，哪些部件是导致气候变化的因子。

以下是你能做的事。

重新界定美好生活。消费主义成了美好生活的普遍定义：你对现有的手机、衣服或汽车的各方面永不满足，处于永无止境的追求升级当中。旨在获得满足感或归属感而不是满足实际需要的购物会逐渐让人上瘾，进而导致人们对自身身份和生活方向产生怀疑和困惑。[31] 把自己定位为某种商品或某个品牌的消费者意味着我们处于被动状态，也意味着消费该商品的这种行为本身即满足了我们自身的需求。

消费主义使我们陷入我们误以为能够购买到自身个性标签的陷阱之中。它还吞噬了我们的精神空间，致使我们的视野变得局促狭隘，致使我们将自身的价值和身份建立在一次性废弃物激增的基础上。心理学研究表明，大规模消费在我们的生活中凿开了越来越大的洞，而我们一直在持续不断地努力填塞它。[32] 随着我们有意无意地试图通过逐渐养成的购物习惯强化我们的身份认同，我们把大规模消费的发动机开动得越来越快，它驱使我们一步步走向灾难的边缘。

尽管文化习俗以各种方式驱使我们在盲目的消费主义方向上狂奔，但我们可以开始有意识地后退。我们可以加强精神自律，以抵制消费主义引发的冲动。我们可以改变消费习惯，以自身的购物选择扶持那些具有可持续性的商品。

再者，我们可以改变将自身视为消费者的方式，重建我们与物质主义的关系。从广告的影响中解放出来对我们来说是一种真正意义上的解放体验，也是一种彻底的政治行为。

成为一个更好的消费者。短期来看，我们可以通过改变消费模式来改善有关情况。所有购物行为不尽相同。购买用有机棉制成的经久耐穿且可转送他人的高质量衣物，不同于购买穿用几周后即丢弃到填埋场的廉价一次性衣物。如果你可以用你的钱"投票"，请对你确实需要购买的商品做出更为合理的决定。你在购物时要选择那些公开表明其理念，承诺致力于寻求可持续性，并且所在行业协会证实其一直在履行自身承诺的企业的品牌。这种做法将颇具影响力。

用你的钱来"投票"。其中最重要的是要消除废弃物。将长期提倡的减少、再利用和回收理念付诸实践。需要购物时，我们应当在充分掌握有关情况的基础上做出明智的选择。

去物质化。请回顾我们实现从黑胶唱片、盒式磁带和CD（激光唱盘）到下载或在线听音乐的变化历程。在许多情况下，技术使我们无须借助实物即能实现相同目的，同时仍能享用其提供的服务。少即是多。在不久的将来，个人拥有汽车可能也不再是主流模式，我们的出行所需也许会由共享车辆提供，这种车辆很可能是无人驾驶的，当然也将是电力驱动的。[33] 也许有一天，消费者不再把自己定义为商品的拥有者，而是服务提供系统的受益人。世界上最大的过夜住宿服务提供商爱彼迎不再拥有房舍；世界上最大的个人乘车服务提供商优步不再拥有汽车。[34] 这种从所有权到照管职责的转变从根本上改变了我们与消费主义的关系。我们要适应并张开双臂迎接这种转变，从而促进这种转变的发生。

幸福的渔夫的故事最初是由保罗·科埃略广为传颂的。这个故事有若干版本。一个渔夫在捕了几条大鱼后心满意足地在小村子中的海滩上惬意放松。这时一个商人走过来，他看到这些鱼，问渔夫捕这些大鱼用了多长时间。渔夫说，捕鱼花费的时间并不是很长。商人问他，既然他捕这些鱼没用多长时间，为什么不在海上多待些时间，以便捕到更多的鱼。渔夫回答说，他捕的鱼足够全家吃了，他在收网后就可以回家陪孩子们玩耍，然后和妻子睡个午觉，晚上则与朋友们一起喝酒和创作音乐。

商人向渔夫建议说，他可以借给渔夫一些钱，使其把事情做得更进一步。这样渔夫就可以在海上多待些时间，还可以买一艘更大的船，以便捕到更多的鱼，赚到更多的钱。他还可以投资购买更多的船，并建立一家大型捕鱼公司。过一段时间后，这家捕鱼公司就可以在证券交易所上市，而这可以为渔夫带来巨额财富。

"然后怎么样呢？"渔夫问道。

商人自豪地解释说，然后渔夫就可以退休了。他终于可以过上自己向往的生活了：上午捕几条鱼，接着陪孩子们玩耍一会儿，然后与妻子睡个午觉，晚上则与朋友们喝酒和创作音乐。

人们常说，生活中最重要的事情是不要自寻烦恼。我们如果像科埃略笔下的渔夫那样学会知足常乐，也许就能摆脱消费和拥有的思维定式，有意识地避开那些助长这种思维定式的力量。这样我们就会逐渐意识到：如果我们用一种不同的方式对待生活，我们的幸福指数就会更高，而我们对地球的榨取就会大幅度急剧降低。

行动 5

去化石燃料，拥抱 100% 可再生能源

那种认为我们永远需要化石燃料的想法源自我们对过去的精神依恋。为摆脱对化石燃料的依赖，我们必须放弃将化石燃料视为人类未来繁荣的必需品这种观念。只有当这种思维定式受到考问时，我们才有可能将我们的思路、资金和基础设施建设转向对新能源的开发。

化石燃料企业在有意地减缓这种过渡。化石燃料目前仍是充足且强劲的能源，因而这些企业拥有强大且迅猛增长的实力，今天它们所带来的影响是深刻且广泛的。

许多企业在游说方面投入巨资，试图减缓旨在帮助经济摆脱化石燃料、进行转型的新政策出台。[35] 但一些担任高级领导职务的人士则希望正视这个问题并促使企业进行转型。这种愿望是真诚的，而我们正是通过亲身体验知道这一点的。但目前这些企业处于这样一个困境：企业转型如果程度太大、速度太快，就会动摇其企业模式，投资者就会对其进

行相应惩罚；如果转型拖延的时间过长，其企业价值就会崩塌。一些企业玩起了危险的"观望"游戏，想成为"最后离开者"，以便继续从那些放弃化石燃料的企业留下的市场空间中谋取利益。

如今，几乎所有国家的政府都仍在补贴化石燃料行业。化石燃料行业人士可能对这个说法持有异议，但其确实取得了丰厚的政府拨款。从全球范围来看，政府每年会花费 6 000 亿美元，通过人为干涉将化石燃料价格保持在较低水平。[36] 而这大约是政府为新能源提供的补贴的三倍。[37] 政府可能宣称它们为可再生能源提供了行政方面的支持，但在它们停止补贴化石燃料之前，在该方面仍不会有什么实质性进展。

英格兰银行行长马克·卡尼说过这样一段有名的话：除非我们从目前基于化石燃料的经济顺利过渡到将来全面非碳化的经济，否则我们会在某个时刻"深陷困境"，[38] 即高碳资产突然大幅贬值。卡尼敦促我们不惜一切代价避免这种情况发生。当你意识到我们的经济有多少建立在化石燃料基础上的时候，你就不会对他的预言感到吃惊了。如果我们将转型拖延到引发危机的程度，那么整个行业、企业和政府都会破产或突然损失大量财富。

如果我们听任上述进退维谷的情况发生，它就会影响我们每一个人。政府依靠来自化石燃料的税收维持正常运转。许多退休金都被投入化石燃料及依赖化石燃料的企业。金融服务系统的整体性意味着大幅贬值一旦发生，很快就会波及其他许多看起来与其无关的主体。这种深陷困境的状况有可能使得 2008 年金融危机相形见绌。

有鉴于此，旨在摆脱化石燃料的紧迫转型必须有计划、有节制地进行，而不是出于恐慌而草率行事。2017 年，各国央行行长会聚一堂，协商建立了绿色金融系统网（NGFS），现正团结一致，共同警惕着气候变化对全球货币稳定的影响。[39]

在与以往有着根本性不同的未来之中，国家和企业应该怎么办？有关这一问题的金融研究和信息越来越多，这有助于投资者进一步理解这种风险。举例来说，穆迪公司（有重大影响的企业和国家风险评估机构之一）现在对从事气候变化有形风险计量的 RiskFirst 公司拥有控股权。[40] 投资者正在重新分配其从现在所称的"搁浅资产"中撤回的资本。这种重新分配推动着市场发展并吸引着企业管理者的注意，但它的进行需要走得更远、更快。

拥护 100% 可再生能源。 在过去几年里，可再生能源发电经历了令人瞩目的增长。预计到 2023 年，可再生能源发电将满足 30% 的电力需求；到 2030 年，则为 50%。我们正为此目标而努力。[41] 法人实体走在了前列。近 200 家企业，包括苹果、宜家家居、美国银行、达能集团、易趣、谷歌、玛氏公司、沃尔玛等知名企业，已经或正在实现让其所需电力全部来自可再生能源。[42] 在欧洲和北美洲，有 75% 的人支持政府为实现所需电力全部来自可再生能源而采取强有力的行动。[43] 为使其成为现实，可再生电力应由具有相应权威性的政府机构领导人在整体层面上进行交付。这些领导人代表的是其选民的优先权。因此，让我们为支持清洁能源的领导人投上宝贵的一票。

有权力、有影响的人如果希望人们真心将其视为对人民负责的忠实公仆，就必须以更明晰的愿景来看待未来。我们的选票只应投给那些勇往直前且有真正洞察力的领导人。

我们有信心做到这一点，因为太阳能和风能发电就是这样发展起来的，而其发展速度和规模在前几年几乎无人相信。鉴于太阳能电池板的成本在过去十年中下降了 90%，可再生能源如今在世界上大多数地区和煤炭进行着价格上的竞争，同时，有越来越多的地区和天然气进行着这方面的竞争。[44] 陆上和海上风力发电也发生着类似的情况。用以稳定太阳能和风能发电波动的电力存储技术也迅速发展成为经济上可行的选择。

随着成本的下降，创新者们正在重新构思未来电网的运行方式。高度智能化和连通性的电网在相继出现。

制订时限性的宏伟计划。我们计划用十年将全球碳排放量削减一半，再用至多二十年将其削减到零。法人实体和国家对引领此项努力负有巨大责任，但我们也要各负其责，做好自身的减排工作。如果我们思路明确并在必要时行动起来，那么上述时间足以让我们达成相关目标。[45] 要在未来十年将碳排放量削减 50%，我们现在就必须将注意力集中到这一目标上。这是一个全球性指标，但该指标可通过下述方式加以适当调整：那些使用量远超我们的人应减排 50% 以上。我们不妨将其设定为最低 60%，因为我们深知，我们总是倾向于高估在一年内能取得的成绩，而低估在十年内能取得的成绩。

在未来十年里，如果你的化石燃料使用量比现在减少至少 60%，十年后你的生活将是什么样子？你目前的碳排放大部分很可能来自飞行、驱车出行、房间加热和制冷，而其罪魁祸首往往是我们不能轻易丢弃的昂贵物品，如汽车、锅炉、空调等。一旦买了汽车，你就会使用它。尽管你可能试着少开，但你在一年内能达成的目标是有限的。请考虑在未来十年转向电动汽车一事。电动汽车提高的效率和可行驶里程，加之价格下降和富有创新性的融资模式，使其受到越来越多的人的青睐。现在，即使是可行驶中等里程的车型在充电后一次也能行驶 150 英里，充电站数量也比过去多。[46] 另一些人可能考虑购买无人驾驶汽车，甚至不想实际拥有汽车，这种选择越来越现实可行了。

至于房间加热和制冷，你可通过电网购买可再生能源电力，并在家里自行发电。在提高保温性能的同时采用电力加热，这似乎是难以实现的。但无妨，你可以一次只做一件事。你可以首先在家里进行电能核查，以查明漏电和低效情况。这有助于你对各个发电升级投资项目排定优先顺序。举例来说，如果某个锅炉需要更换，你可以首先进行比较低廉的电能改进工作，然后规划未来几年的分期投资。一段时间后，你就会达到节省资金和减少排放的目的。

如果你生活在较为富裕的国家，减少飞行很可能是取得成效的最佳方法。我们之所以能感受到世界的精彩纷呈，在很大程度上是因为我们能到很多地方游览、进行文化交流，以及亲眼见到精彩绝伦之地。那些有幸乘飞机从世界上某个地方起飞，十个小时后到达另一个地方的人太令人羡慕了，因为对许多人来说，乘飞机出行是令其难以置信的特权。如果你乐于享受旅行中的刺激、不得不进行商务旅行或探望身处海外的家人，你就会认为放弃飞行并不那么容易。

世界上只有 6% 的人登上过飞机。[47] 如果你是其中一员，你就有责任明确立场并制订计划。也许你决定再也不登上飞机——如果你真的这样做了，我们会赞许并祝贺你。但在现实中，这可能不容易做到，不过你仍能在这方面有所作为。你可以承诺不乘飞机去度假，或去距家 500 英里范围内的地方时选择乘火车前往。你可以承诺每年乘机旅行的具体次数，或通过视频电话参加会议。

无论你怎么看待这个问题，在为实现到 2030 年减排 60% 的目标而努力的过程中，空运是我们将要处理的关键问题之一。无论是这个问题还是这里探讨的其他变化都没有任何骇人之处。在想到这种生活方式会发生变化时，人们可能会感到惊恐，会觉得属于自己的珍贵之物被人拿走了。不过，情况恰恰相反。我们可能会抵制变化，但现实情况是，浪费型经济使用资源的速度、规模和草率程度使我们感受不到什么幸福。在我们致力于谋划已久的变革，以期保护那些我们真正关心的东西时，找到目标感通常可提高生活质量。你不妨一试，看看能发现什么惊喜。

行动 6

绿化地球，选择植物性饮食和环保产品

　　我们必须选择的未来要求我们更多地关注自身与大自然的契约。亘古就有的充满生机的树木对我们的生存来说是必不可少的。我们从渐趋枯竭和贫瘠的土壤中榨取越来越多的东西就等同于自我毁灭。我们如果想在地球上长期繁荣发展，就要找到促使大自然再生的最佳着力点，这是大自然本身的利益所在，也是我们的利益所在。我们对大自然的索取应以我们为维持生存所必需的东西为限。在全球范围内实现这种平衡现在仍是可能实现的，而我们能够成为将其变成现实的一代人。

　　森林会为其自身创造条件，这是一个自我维持系统。它们蒸发的水分凝聚在空中，形成云雨，使森林里的一木一草都能受到水的滋润。在绵亘数千英里的广阔范围内，庞大的地下菌丝网络中极其微小的真菌栖息在树木之间并将其连接在一起，使其共同汲取土壤中的营养成分。土壤为现在和未来的树木的生长集聚了丰富的营养成分，形成利于树木生长的营养基床。不过，这种共生性的相互作用也造成了森林的脆弱性。如果我们把森林破坏到一定程度，或将其分割成数个部分，从而损害了森林内部的相互关联性，那么整个系统就会崩溃。正如一则古老的谚语所说，人在走向破产时，最初速度很慢，但后来就会很快。我们有可能以同样的方式失去地球上的森林。

农业出现以来，人类砍伐了近 3 万亿株树木，相当于地球上从古到今全部树木的一半。结果，地球上近一半的土地发生了严重退化，远非当初的自然状态。仅 2018 年，就有 1 200 万公顷的森林被夷为平地，其中原始雨林占三分之一，这意味着我们每分钟失去了面积相当于 30 个足球场的森林。[48] 如果我们继续这样做，剩余的森林在短短几十年之内就会彻底被毁灭。即使我们扭转了这一命运，我们的后代也会震惊于我们竟如此接近于森林毁灭，以及我们竟如此愚蠢地近乎抛弃全部森林。

对热带地区森林的破坏几乎全部是对以下四种产品的需求导致的：牛肉、大豆、棕榈油和木材。肉牛造成的森林破坏是其他三种产品共同造成的森林破坏的两倍以上。在亚马孙地区，为饲养肉牛提供草地直接造成的森林破坏占 80%

以上。[49] 另外，大量的大豆用作养鸡、养猪和养牛的饲料，这种情况极其糟糕，而且将进一步恶化：巴西废除了之前通过的森林保护政策。[50]

工业型农业和食品业通常热衷于生产经济效益高的食品而不是有营养的食品，这几乎与化石燃料一样，同为导致重大气候变化的推动因素。然而其生产的很大一部分食品并未进入人们口中。这些食品甚至不一定能到达那些需要它们的人手中。在南半球，由于缺乏公路和贮藏设施，这些食品通常在未到达需要它们的人手里时就已经腐坏，即使这些食品能够克服重重困难及时到达有需要的人所在之处，这些人也可能无力购买。在北半球，食品通常会在家庭和冷库中被缓慢消耗，直到超过保质期，或直到吃完饭时仍在盘子里一动未动，最后人们只好将其丢弃。而这种浪费又推动了更大规模的食品生产。

我们能够实现保障人人有饭吃的食品供应。至少有两位杰出的生态学家测算，只要有选择地提高农业生产能力，大力减少食品浪费，改变膳食结构，[51] 一如健康专家的建议，[52] 我们就足以保障世界上人人有饭可吃。我们能够在不对大自然造成任何破坏的前提下达成这些目标。

植树。世界上有大片的土地可用来植树造林。一项研究表明，地球上有 9 亿公顷土地是可以在不对人类栖息地或农业造成任何干扰的前提下被用来植树造林的，[53] 这相当于整个美国的国土面积。新生森林一旦长成，不仅有助于增加生物多样性和进一步美化地球，还能吸收并储存 2 050 亿吨碳，这相当于吸收了工业革命以来人类向大气释放的近 70% 的二氧化碳。

在应对气候变化方面，几乎没有任何行动像植树一样重要、紧迫或简单。这种古老的碳吸收技术并不需要任何高科技，它绝对安全，并且成本颇低。植树彻底扭转了导致气候变化的过程，具体体现在：树木（以及其他所有生物质）在生长过程中吸收大气中的二氧化碳，释放氧气，将碳送回其本该归属之处，即土壤中。另外，树木提供了城市极度渴望的绿地，降低了大气温度，有的树木还能结出可供食用的果实，并稳定农村和城市的地下含水层。

遗憾的是，在过去的 5~10 年里，我们将植树造林视为对排放温室气体的补过，甚至视作为遮掩碳排放行为而进行的所谓的善意之举。"弥补"一词在一些环保主义者心中已经声名狼藉。现在，纠正这一错误的时刻已经到来。我们每个人都应种一棵、十棵或二十棵树。其实植树并不应该被视为补过，植树本身就是为应对气候变化所做的极其重要的贡献，而这并不需要精密复杂的能源技术。当然，我们也要开发这些技术，但我们即便在依靠这些技术的时候，也仍需要依靠树木吸收大气中的碳，从而达到净零排放的目的。

简而言之，我们仅靠植树就能将气候状况恢复到几十年前。[54]

大规模的造林和森林恢复为人类带来了实实在在的利益。在中国，20世纪90年代，大面积的土地开始变得和美国中西部尘暴区一样，但中国及时遏制了这种迅速退化的现象。它确定了通过直接向植树农民付款的方式造林一亿公顷的计划。该计划现正在进行，推行得非常成功。该计划的推行使降水更加稳定，土壤更加肥沃，同时提高了农田产量。[55]

森林覆盖率一度下降到仅占国土面积4%的埃塞俄比亚掀起了史无前例的造林运动，计划在全国1 000个地点植树3.5亿株，大部分地方在一天内就完成了植树目标。[56]当然，这些树未必能全部存活，但那些存活下来的树必将在改善生态方面做出重大贡献。

植树并非仅惠及农村或农业地区。树木可使城市气温最高下降10摄氏度。[57]这个数字足以抵消城市在任何气候状况下不得不忍受的额外高温。鉴于印度的诸多城市气温达到50

摄氏度以上，这个温差对数百万人来说意味着生死之别。树木还能过滤微尘、吸收污染物，从而达到净化城市空气的目的。树木还能调节水量，减缓洪水的冲击，提高市区的生物多样性。树木产生的影响非常明显，有树木环绕的市区房产价格比没有树木环绕的房产价格高 20%。[58]我们要想朝着能为大自然的欣欣向荣提供足够空间的城市生活过渡，就要把大自然移植到城市中，并使二者达到前所未有的融合程度。

让大自然欣欣向荣。"再野化"一词是为描述听任土地重返自然状态而造出的新词。再野化有可能彻底改变大气中的碳平衡，保护生态系统。众多规模不一的再野化举措竞相在世界各地被推出。最典型的例子是英国西萨塞克斯郡的奈普荒野项目。2001 年，该项目获得了 3 500 多英亩① 土地。这片土地自第二次世界大战起就一直进行着集约化耕作，由于土地严重退化，农民获利甚微。奈普荒野项目的主旨是听任自然演变，而不设定任何目的或结果。自由漫步的食草动物——牛、马、猪和鹿——推动着这个以自然演变为主导的再生过程，宛如数千年前的食草动物再现于这片土地。它

---

① 1 英亩约为 4 047 平方米。——编者注

们各不相同的食草偏好形成了诸多各具特色的栖息地,从草地和灌木丛到野生林地和有林草地,应有尽有。这些动物的生活几乎无须进行人为干预。它们以低廉的价格为日益增长的市场需求提供天然草地散养环境中慢慢生长的动物性有机肉。在略长于十年的时间里,奈普荒野项目在恢复生物多样性方面取得了令人震惊的成果。这里现已成为紫色帝王蝶、斑鸠和夜莺的乐园,其中夜莺数量占英国夜莺总数的 2%。

转型植物性饮食。如果少吃些肉和奶,你的碳足迹就会减少,健康状况就会改善。肉和奶少吃为好,不吃最好。对我们大多数人来说,这可能让人觉得有点儿不习惯,但在人类历史的大部分时间里,人们是极少吃肉的。[59]

许多国家已经转向植物性食物。你如果觉得不能完全放弃肉和奶,可采用灵活性食谱,在一周中的某些用餐时段或其他时候吃别的东西,即使这样也会发挥很大作用。事实上,这很可能是未来几年膳食领域的最大变化所在。在许多国家,打算成为纯素食者和普通素食者的人相对较少,但在美国,足有 50% 的人乐意少吃些肉食。植物性人造肉已做到价格更低廉,营养更丰富,味道也更鲜美。预计到 2040 年,这种产品将占市场份额的 60%,而目前其占有份额仅为 10%。[60] 市场现已开始认识到植物性食品的未来，而你将有机会加入这场食品革命，采纳植物性食物占比更高的食谱并将其日常化。

抵制助长破坏森林的产品。我们日常消费的产品中有太多成分来自毁林开垦的土地。2010 年，绿色和平组织发布了一则办公室职员打开奇巧（Kit Kat）牌糖棒的视频广告。不过，这根糖棒并非用巧克力制作而成，而是用猩猩的手指！广告中办公室职员在糖棒上咬了一口，顿时鲜血溅满了键盘。[61] 这则视频触及了人们的痛点，使得人们情不自禁地把糖棒的成分与猩猩自然栖息地的大范围破坏联系起来。人们向雀巢公司发送了 20 多万封电子邮件，还在其办公场所外围举行了抗议活动。此后 6 周内，这家世界上最大的公司之一彻底改变了其策略，转而使用对森林零破坏型的棕榈油。[62]

我们很容易忘记我们究竟有多大的力量，其实我们在选择运用这种力量时对此也并不那么清楚。如果某家企业采取破坏土地的行为，我们可以设法公之于众。发生这种情况时，你可以取消对该企业的支持，并拒绝购买其经营的产品。

我们的力量足够强大。

行动 7

关注清洁经济，这将成为下一个投资风向标

线性增长模式的后果是榨取和污染。我们需要从这种模式转向促进自然系统再生的新模式。我们需要的是这样一种清洁型经济：在与大自然的和谐相处中运行，对使用过的资源进行最大程度的再利用，最大限度地减少废弃物，积极补充枯竭的资源。

这种新型经济模式需要更好的政策和强有力的制度的支持，以便投资和创业精神这两种强大的市场力量得以为再生而非榨取发挥作用。金融和投资将发挥关键性作用。几个世纪以来，我们较好地驾驭着资本主义，在法律、税收、慈善等方面拥有较为成熟的制度，但我们尚未对其加以完善，而现在正是我们对其加以完善的时候。

我们习惯于把经济视为衡量业绩的主要指标。经济增长幅度较大就是好事，增长幅度不大则是坏事，经济负增长或

衰退更是灾难。政客们千方百计地利用其权力保持这方面的数字上升，大多数政客将该数字的增长视为其主要目标。

经济增长目前以 GDP 进行衡量，GDP 是指国内生产总值，即一年内生产的全部货物和服务的市场价值。人们普遍认为，永无休止的 GDP 增长是负责任的国家所追求的目标，这种观点已经牢牢嵌入我们的文化，并自我持续，而媒体、政客、企业领导人和其他人屡屡提及它，这已成为他们的第二天性。[63]

但就人类繁荣所需之物而言，GDP 并不是一个良性标志，因为它所涉及的完全是榨取、使用和丢弃资源。作为一个用以衡量成功的标志，它并未恰如其分地考虑污染或失衡的影响，也并未将健康、教育，甚或幸福的价值置于优先地位。它也没有对促使退化土地再生和促使病态海洋恢复健康的行动给予应有的重视。现举例说明这一点：如果你每天用一次性杯子喝咖啡，GDP 将会上升，但也会造成森林的消失和碳排放量的上升。如果你用可重复使用的陶瓷杯喝咖啡，GDP 将会下降；反之，如果你每天丢弃用过的陶瓷杯，再买新陶瓷杯，GDP 将会飙升。

在目前的转型过程中，严格的线性 GDP 增长不再是我们关注的重点。更多的东西并不意味着更好的生活，事实上，它反而是造成我们的生存危机的因素之一。我们不再看重可购买商品的数量，我们必须以生活质量为目的重新定位基本的价值观，包括在地球生态系统范围内对其重新进行定位。根据诸项增长对可持续发展目标（SDGs）的贡献确定其优先顺序是一个良好的开端。这 17 项相互联系的目标旨在可持续地促进全球的繁荣、平等和幸福。[64]

将你的资金用在最能发挥作用的地方。 资本总是会流向过去表现良好的投资对象，就好像未来会以某种有意义的方式将过去再现一样。世界上的资本由极其谨慎的人守护，他们希望得到良好的回报，而他们的首要目标通常是避免价值损失的风险。当然，这从技术层面来看无可厚非，但这使我们面临一个问题：我们要创造我们所希望拥有的未来，不可能不存在风险。

2019 年 6 月，挪威议会将其有关主权财富基金（世界上最大的主权财富基金，管理着 1 万亿美元的资产）的新计划上升为法律。它将撤回对化石燃料的逾 130 亿美元的投资，而向可再生能源领域投资高达 200 亿美元的资金，首先投资成熟市场的风能和太阳能项目。[65]

你可以参与促进资本分配方面的类似的重大转型。2012

年，比尔·麦吉本和 350.org 发起了群众呼吁撤资运动，旨在推动金融机构停止向继续加剧气候变化诱因的项目和企业投资。[66] 它已经发展成历史上最成功的运动之一。总资产逾 8 万亿美元的诸金融机构撤回了对化石燃料的股权投资。这为解决气候问题提供了资金，并向那些仍执着于过去的机构发出了警示信号。2016 年，世界上最大的煤炭企业皮博迪公司将撤资列为导致其破产的原因之一。[67] 壳牌公司将撤资列为其未来业务面临的重大风险之一。[68]

目前我们的应做之事是从代表过去的领域撤资，转而投资未来前景良好的领域。你的资金用于毁灭还是建设全在你的一念之间，而无视这个事实已经不可接受了。如果你拥有养老基金或储蓄账户，那么请查明你的资金投向了哪里。不要低估定型养老金计划默认选择的威力——如果你就职于拥有该养老金计划的公司，请要求它从化石燃料领域撤出。向你的养老基金托管人写信，查明其是否从旧经济领域撤资，或其是如何建议其投资的公司为促进清洁型经济的形成而改变行为的。鼓励你的朋友和同事也采取同样的做法。

一旦资本开始以不断增加的数额流向致力于推进未来的企业和项目——我们已经在这一方向上取得了重大进展——我们负重爬山般的艰苦努力到达顶峰的时刻就会到

来，此后就可以更容易地向着正确的方向自动前行。我们已经意识到肮脏的、有污染性的、不负责任的投资项目在业绩表现上远远逊色于新型投资项目。一味逃避思考地球未来的企业难逃客户（持续向其发问！）和投资者向其提出的令其难堪的问题，而且难以招聘明智的年轻人为其工作。在持续的压力下，资金和运势就会开始转向致力于建设清洁型经济的企业。

再生经济的建设要素在全世界展现了方兴未艾的强劲势头。2019 年 1 月，新西兰总理杰辛达·阿德恩宣布其政府即将出台旨在衡量各项政策对人民生活质量的影响的"幸福预算"。她说："我们需要着眼于我们国家的社会幸福，而不仅仅是经济幸福。"阿德恩指出，这一思路有助于我们摆脱短期性周期视角，学会通过"友爱、共情和幸福"的视角看待政治。[69] 这正是我们被号召去做的事业，因为我们正致力于建设惠及我们的基础设施和制度体系，并撤除那些不利于我们的事物。

经济增长能产生巨大的利益。与历史上的其他任何模式相比，经济增长使更多人摆脱了贫困。但是，我们过去看重的是从地下开采资源，然后将其变成垃圾的速度有多快，这个时代必须结束了，而这并不是出于思想意识或政策的原因，而是出于生存的需要。在旧模式下进行的减贫，其效果很可能是短暂的，因为随着气候变化的加剧，我们优先安排机制的短视性和对 GDP 的片面强调很可能使许多人重返残酷无情的贫困。令人欣慰的是，经济学者们越来越多地认为17 项"可持续发展目标"是明智的。推进"可持续发展目标"体系的建设能使我们在相互强化的体系中相互协调，共同实现可持续目标、落实减排和减贫是完全有可能的。

在哥斯达黎加，克里斯蒂安娜的父亲何塞·菲格雷斯·费雷尔总统在 1948 年做出了废除军队的决定。他投资于教育，扩大了森林覆盖面积，而在此之前，该国森林覆盖率极低，处在 20% 以下。现在，哥斯达黎加是拉丁美洲地区人口文化水平最高的国家之一，[70] 其森林覆盖率在 50% 以上，[71] 全国的电力几乎全部由可再生能源供给。哥斯达黎加以 GDP 和有助于政府进行幸福最大化的决策的双重指标衡量其进步。在"幸福星球指数"排行榜上，哥斯达黎加在2009 年、2012 年和 2018 年均作为地球上最幸福的国家名列第一。[72]

行动 8

科技向善，技术突破是气候之路的最佳盟友

不断发展的新科技拥有实现减排的巨大潜力。我们必须谨慎却迅速地接纳这些新技术，但不能盲目依赖它们，将其视为包治百病的良方。随着我们越来越适应机器作为我们生活中不可或缺的一部分，我们需要以负责的态度运用技术，警惕其力量和影响，确保有恰当的管控制度可供遵循。

如果我们能安然度过气候危机，在保障人类和地球毫发无损的前提下顺利到达彼岸，那么这在很大程度上是因为我们学会了与技术和谐相处。

由传感器（用于收集数据）、机器人（可自动进行体力活动）及被称为"物联网"的智能装置网络共同支撑的人工智能（AI）极有可能成为我们在生存斗争中最强大的盟友。[73]但这些技术也有可能是摧毁我们美好未来的罪魁祸首。举例来说，自动驾驶型电动汽车有可能使我们对汽车的非必要私

人拥有模式不复存在，但其不利的方面在于，其有可能任由无视公德的管理机构进行跟踪并控制每个公民的行踪。

在寒冷夜晚的火苗带着善意和温暖，但吞噬房子的烈火则使人觉得卑劣和可憎。

同样，从本质来看，技术并无好坏之分，但我们应对其妥善进行管理。

今天在世的许多人很有可能在将来的某个时候遇到几乎在各方面都比现在更加智能化的机器。一个很有名的例子是，世人在 2017 年初步领略了人工智能可能的面貌。人工智能程序阿尔法狗推算出了如何在中国围棋中胜出的方法。中国围棋是一种古老的策略游戏，而且出了名地难学，但阿尔法狗完全是靠自己学会的，实际上它汇集了数千年积累的人类知识并对其加以改进，而完成这一切仅用了 40 天。[74]

阿尔法狗的开发者 DeepMind 公司表示，该技术并不仅限用于在策略游戏中胜过人类的机器，还拟用于为对社会有积极影响的新技术提供信息。[75] 但我们不能仅仅依赖于开发企业的承诺，而要确保该技术符合我们促使大自然再生并寻求有助于人类繁荣的条件的目标。

虽然我们未必能准确预见人工智能将被用于何种目的，但人工智能机器学习新事物是很快的。机器可能更善于为控制它的所有者提取并囤积地球上的资源，而这正是防止人工智能滥用的保护措施从一开始就应被纳入政策监督与管控行为的原因。

政客们和企业首席执行官们不愿在应对气候危机中带头，或做我们需要做的事情，他们通常将未来技术吹嘘为该问题的解决方案。但是，如果我们听任尚未成为现实的未来技术遮蔽我们的双眼，使我们无视目前亟待行动的规模和紧迫性，那将成为一种可怕的风险。不仅创新可能无法及时到来，而且新技术只有在已经朝着正确方向发展的社会中才能很好地被应用。对创新的信心不能成为缺乏计划的借口。

确实，我们需要依靠技术扭转气候灾难，但技术也极有可能加剧社会中已经拉大的贫富差距。在当今世界，全球人口的 70% 仅靠全球财富的 2.5% 维持生存。[76] 在这样一个世界里，自动化的兴起有可能加剧不平等和社会不稳定状态，还会致使推进气候变化之类的复杂问题的解决方案复杂化。

对某些政治圈子有关移民使本国公民丧失工作机会的所有言论而言，可以肯定地说，是自动化造成了世界上绝大多数工作岗位丧失的。[77] 而这个问题将在未来几十年里持续恶化。同样，植物性食品和实验室栽培植物取代部分肉类而造成的肉类消费下降必将彻底改变整个国家的经济。在巴西，有逾 2 000 万人从事农业生产，[78] 其中有多达三分之二的人在饲养肉牛，或种植大豆作为牛饲料。为向更加可持续的农业转型，他们可能会将耕地用于生物燃料的生产，因为他们认为在不久的将来，对这种燃料的需求将会增加。从牛肉向先进生物燃料的转型，从生态角度来看存在巨大的利益，但如果对这种转型管理不当，没有提供支持性转岗培训或工作岗位，数百万人突然失业就会造成巨大的人类灾难，从而使极端主义政客扩大影响力。即使我们开发出解决气候危机所需的所有技术，人类也可能会受到转型的影响，以致我们选出迎合民粹主义冲动的领导人，使我们的注意力偏离通向再生未来的仅存的狭窄入口。

如果管理得当，机器也许有助于我们及时应对气候危机。几乎所有需要产生突破以便打造再生未来的领域都得益于机器学习的巨大帮助。举例来说，与在电网上取得大量可再生能源电力相关的重大难题之一是可再生能源发电的非连续性，因为只有在阳光照射或刮风时才能进行发电。

人工智能算法的出现，使得对现有的统一电网进行彻底重新设计成为可能。人工智能传送信息型电网可以进行广泛的分散化，作为神经网络发挥作用，并可动态预测在何时需要何种类型的电力。人工智能传送信息型电网可"本能地"

安排电力供需，在电力储存与流动之间灵活切换，以便生产更多的可再生能源电力，从而减少天然气和煤炭的使用，也许有一天能够彻底消除对它们的依赖。[79]

人工智能正在加速我们在其他许多领域的去碳化努力。机器学习正被用于防止甲烷从输气管道中泄露，加速太阳能燃料（直接／间接来自太阳能合成化学燃料）的开发，改进电池蓄电技术，优化电力传输以提高传输效率，减少建筑物中的能源使用，利用无人机进行造林，等等。[80] 现有迹象表明，人工智能还显示了有望提高我们预测极端天气，甚至直接从大气中消除温室气体的明显迹象和良好前景。

《巴黎协定》的达成极其复杂，而达成人工智能的全球共同管控可能更为复杂。现在，各国竞相改善其在这一新领域的技术和条件，以期成为该领域的领先者，而不同人群对人工智能介入我们生活的接受程度所持态度各不相同。举例来说，尼日利亚人和土耳其人乐于使用人工智能系统进行大型手术，但德国人和比利时人则并非如此。[81] 各国政府在制订人工智能管理方针方面承受着不同程度的压力，这样就导致部分管理方针非常宽松，部分管理方针异常严格。[82]

上述情况的出现无可厚非，但对应对气候危机这种重要的事情来说，这还远远不够。法国和加拿大政府在成立国际人工智能专家委员会方面做出的努力不失为一个良好的开端。[83]

查明本国政府、当地政府或所在企业是否投资于人工智能，以及它们将其用于什么目的。 负起责任，想方设法敦促其向目前国际上正在进行的共同努力看齐，并推出相应政策，以确保其支持的人工智能可促进再生未来的形成，而不是妨碍其成功。

再过几十年，将有超过 90 亿人生活在地球上，也有可能超过 100 亿。如果那时我们对大气的人均影响还像今天一样，那么这么多人根本无法在地球上生活。技术，特别是机器学习和人工智能，有可能彻底改变我们的存在方式。长期困扰着我们的诸多问题，包括我们怎样以环形而不是线形方式有效利用自然资源，都有可能最终得到解决。

在阿尔法狗学习下围棋和最终胜出的过程中，开发者注意到，它在自学专业棋手经过几代人努力而完善的技巧时，偶尔会舍弃某些技巧，而代之以人类尚没有时间研习的新技巧。在这场与时间赛跑的比赛中，如果部署和管控得当，人工智能的学习速度会具备非同寻常，甚至不可思议的潜力，可被用来加速气候问题的解决。

2016 年，一个傲视群侪的人工智能展示其威力的实验在谷歌数据中心发生。十多年来，谷歌的工程师们在优化其数据系统方面一直处于最前沿。他们的服务器是世界上效率最高的服务器之一，这使得此后进行的任何改进看起来微不足道。随后，他们推出了 DeepMind 算法，使得制冷所需能源持续性缩减了 40%。[84] 这只是体现人工智能将人类认为不可能的事情变成现实的一个小小的例子。

目前，我们对应用人工智能解决气候危机方面的投资低于其应该达到的水平。未来，世界各国的政府和企业将以谨慎的态度支持负责任的人工智能应用，迅速投资在减排领域取得重大突破的主体。在这种情况下，技术可能是我们在通向光明未来的道路上携手并进的最强大盟友。

行动 9

释放女性领导力，让更多女性参与决策

我们必须确保社会各层面上的决策会吸纳越来越多的女性参加，因为当女性成为领导者时，各方面就会焕然一新。这是人们经过多年研究得出的毫无疑问的结论。女性通常拥有能使自己对广阔视野更开放、更敏锐的领导风格，她们善于合作，具有长远眼光。而这些特点对应对气候危机来说必不可少。[85]

我们之所以知道这一点，是因为早期证据已经得到搜集。处于女性领导下或有较高比例的女性处于决策职位时，企业、国家、非政府组织和金融机构都会采取更为强有力的气候方面的行动。[86] 重塑我们的社会，使女性在各个层面（包括家庭、社区、职业、政府等层面）上的决策中发挥至少与男性平等的作用现已成为关系到我们生存的问题。

在许多国家，性别歧视已被视为陈年旧事。但研究表明，所有行业仍强烈倾向于高估男性的业绩表现，而低估女性的业绩表现。虽然女性意识到了这种差异，但男性却倾向于无视这个事实。绝大多数典型的领导职位仍以男性为主——只要看一下任何一年的二十国集团领导人的照片就可以发现这一点。广为知晓的工资差异（同样的工作，女性比男性的工资低 20%）是性别差异的另一种体现，这表明社会中的许多看法仍带有主观性和歧视性。[87]

在我们着手解决权力和决策的不平衡问题之前，我们必须承认上述问题的存在，它通常但并非始终基于结构层面的无意识偏好。现在，仍然有很多人没有意识到这个问题。

不过，许多女性已经意识到她们的境遇对气候变化的独特重要性。英勇无畏的领导人，如纳塔莉·艾萨克斯、伊斯拉·希尔西、纳卡布耶·弗拉维娅、格蕾塔·桑伯格和佩内洛普·莉，动员了数百万名年轻人，他们强烈要求采取紧急气候行动，并身体力行，将其付诸实践。面对变化中的气候，女性走在了相互支持、共同应对气候变化的前列。在许多国家，女性对土地的亲近和熟悉程度意味着她们敏于发现环境变化并从中学习，并在必要时寻求适应方法。女性是其所在群体中探索创新性气候解决方案的先锋，她们天生善于倾听、产生共情和汇聚集体智慧，在过渡时期尤为如此。而这些特质从来没有像今天这样重要和必要。

一个真正实现了性别平等的世界，肯定会不同于我们现在的世界。有些人似乎认为这看起来并没有差别，不过是前者实现了倾斜性的性别权力平衡而已。但是，性别平等最吸引人的要素，除了毋庸赘述的道德正义性，还包括它为全人类提供了共同创建其赖以共同繁荣的再生世界的机会。女性在权力职位中拥有较大代表权的国家，其气候中的碳足迹也较少。执行董事会中有女性成员的企业更有可能投资于可再生能源领域，并开发有助于解决气候危机的产品。立法机构中的女性成员投票赞同环境保护的频次几乎是男性成员的两倍。领导投资机构的女性根据企业对待其员工和环境的方式而进行投资决策的概率是男性的两倍。[88]

我们的当务之急是给予女性受教育的机会。接受过教育的女性不但具有工作能力，在经济上也更有价值，还能帮助社会做出更好的决策。极其重要的是，教育有助于女性独立，并赋予其自行选择的能力，特别是生殖健康方面的自主性选择。把女孩儿留在学校里让其继续接受教育意味着减小她们早婚和多生多育的概率。布鲁金斯学会的资料显示，在世界上某些地区，相较于从未接受过教育的女孩儿，一个受过 12 年教育的女孩儿在其一生中比前者少生最多 5 个孩子。[89]

现在，有 1.3 亿名女孩儿被剥夺了上学的权利，她们当中的许多人在成年前多次怀孕，将越来越多的孩子带到这个难以养活他们的世界上。按这种方法推算，如果目前女孩儿的入学率是 100%，那么 2050 年全球人口将比目前预计的少 8.43 亿，[90] 而这对抵御气候危机来说意义颇大。

如果你是女性，现在正是你考虑竞选公职或强烈要求升职的时候；如果你是男性，现在正是你支持和鼓励你的女性同事、同伴、朋友和家庭成员这样做的时候。女性可能觉得加入拥有共同目标的大规模运动或团体会使她们感到充满力量。美国的"全新国会"运动就是一个颇具说服力的例子，[91] 它在促成创纪录的女性人数被选中参加 2018 年大选初选中发挥了重大作用。女性候选人，包括亚历山德里娅·奥卡西奥-科尔特斯（现已成为在气候行动中颇有影响的领导人），与其他女性并肩战斗，在其巨大自信的驱动下竞选公职。[92]

如果我们能提高气候变化管理问题决策层中女性所占的比例，我们就能更好地应对气候变化。现在已经到了做出选择的时刻：你要么成为决策者之一，要么支持你认识的女性成为决策者之一。

在位于印度最西端的古吉拉特邦被太阳炙烤的遥远沙漠中，女性正在积极行动，利用可再生能源改善她们的生活。

印度全国食用盐的近76%来自古吉拉特邦，但该邦基本上与电网无缘。几十年来，4万多个盐工家庭依靠柴油机泵进行生产，而这种日常支出占其年收入的40%以上。现在，这种情况正在全面发生变化。利玛本·纳纳瓦蒂（Reemaben Nanavaty）是古吉拉特邦当地人，她领导的自主就业妇女协会拥有200万名会员，是世界上最大的非正规劳动者工会。在她富有远见的领导和支持下，盐工们转向了使用太阳能。最早转型的1 000名妇女的收入翻了一番，实现了更大程度的经济独立和社会独立，并有能力将其子女送进初中和高中。就在盐场工作的15 000名会员而言，该项目减少的二氧化碳排放量达115 000吨，相当于公路上减少了近25 000辆汽车。[93]

在尼日利亚和坦桑尼亚运作的社会公益组织"太阳能姐妹"招募并培训妇女销售经济适用的可再生能源用具，如太阳能灯和清洁灶。森林破坏和气候变化意味着妇女必须比过去走得更远才能取到水，或找到做饭用的木柴。她们如果找不到足够的水或木柴，就很可能遭受家暴。而如此繁重的劳动也意味着她们用于接受教育或外出工作的时间十分有限。"太阳能姐妹"组织招募和培训了4 000名妇女，她们现在拥有自己的事业，为非洲160万人带来了清洁能源解决方案，为当地妇女减轻了一些压力。[94]

这只是其中的两个例子而已，它们被用来表明女性一旦得到其需要的资源和自由，就能改善自己及其姐妹的生活和境遇。

而这种潜力存在于全球范围内的女性之中。

行动 10

参与政治，将重塑世界的决策权
掌握在自己手中

这是最后一项行动，归根结底，我们认为这项行动最为重要。民主面临着气候危机的威胁，必须进行自我改进，才能应对这一挑战。为帮助做到这一点，我们都要积极参与其中。

只要我们拥有稳定的政治体制，能够迅速回应地球不断变化的需求和公民不断变化的期望，那么就有可能向再生世界过渡。气候变化威胁着政治安全本身，[95] 而稳定既是进行这种过渡必不可少的条件，也是成功过渡的结果。

如果说政府的首要职责是保护人民，那么，在世界上许多地方，我们一直习惯的民主并没有发挥其职能。气候变化是一个现实存在的威胁，其严重程度的恶化速度很可能会比人们想象的更快。如果我们的政府系统不能保护我们免于这种现实存在的威胁，那么其最终会被取代。但替代者可能需要很长时间才能够逐渐建立健全的体制，且未必能在现有的时间框架下在再生未来推进方面做得更好。

在当今许多国家，利益集团绑架了民主。正如在烟草业发生的情况一样，一小部分企业利用相对有限的金钱买通了立法机构中的政界要人，通过他们阻挠民选代表保护人民。而这种事情通常是通过行业协会进行的，因此，有时企业本身并未为达到某种结果而进行直接性游说，但企业就是幕后主使。[96]

这已成为一项重大问题。举例来说，在美国，全国制造商协会经过长期争斗，终于在 2016 年取得了胜利，成功地推迟了《清洁电力计划》的实施。2017 年，美国全国制造商协会支持美国退出《巴黎协定》。微软、宝洁、康宁、英特尔等公司均为该协会成员，但它们都声称支持《巴黎协定》下强有力的气候行动。[97]

在国家层面上，选民的行动（或不行动）和意图左右着全球行动。在过去二十年里，气候变化逐渐成为选民的关注重点之一。[98] 这无疑是个好消息，但真正把气候变化作为其首要重点的选民所占比例并不高。这是一个严重的问题。在美国，新任总统真正实施重要举措的时间非常短暂。举例来说，巴拉克·奥巴马在就职时非常坚定地表示要在气候领域采取强有力的行动，而且他在参众两院拥有多数拥护者。他本应该将具有宏伟目标的气候立法置于优先位置，而且当时很可能会通过该立法。但是，他最终决定进行医保改革，这是他在竞选中的另一个承诺，也是美国国内重点事务。为促使医改方案通过，奥巴马消耗了其很大一部分政治资本，也在共和党内引发了一股反对力量，他们强烈抵制奥巴马的其他政策，甚至发展到最后坚决反对其提出的任何议案。结果，直到第二任期，他才得以将政治关注点转向气候变化。即使在这时，他也只是动用其行政权力才取得进展的，而非通过立法机构。

我们不能坐等事态恶化，而必须在各政治层面上积极参与。我们必须将其视为最迫切的责任之一。我们必须向每个政客问责。我们必须选择这样的领导人：他们把气候变化领域具有深远意义的行动视为其绝对第一要务，并准备在上任第一天就付诸实践。我们应使越来越多的人就气候变化议题进行投票，并将其视为第一要务。我们正处于最严重的紧急状态下，必须紧急要求政府高层人士提供与该问题规模相称的解决方案。他们的政治纲要必须具备严格的科学依据。

只要有可能就积极参与非暴力政治运动的时刻，已经到来。

2019 年 4 月，"反抗灭绝"组织在诸多非营利组织、一些政界人士和其他活动人士多年来的工作基础上抓住这个机会，掀起了一系列全球抗议活动。他们首先以非暴力抗议方式接管了伦敦中心地带长达 10 天。首次参加活动的人有成千上万名，他们之前从未参加过游行或者在请愿书上签过名，如今却行动起来封堵公路，或者互挽胳臂，或者在滑铁卢桥上植树。在首次抗议后的两个月内，英国宣布进入气候紧急状态，通过了到 2050 年实现净零排放的目标（低于"反抗灭绝"组织呼吁的目标，但仍是一大进步），并成立了监督该目标实现的公民大会。[99]

公众的民间抵制有可能胜过政治精英为实现激进变革所做的努力。这并非越轨，而是变革的发生方式，它通常发生在主流社会中的不公正性过分巨大的情况下。

公众抵制不仅是一种出于道德层面的选择，也是塑造世界政治的最强大方式。[100] 纵观历史，系统性的政治转向有赖于大规模的公众抵制。如果没有公众抵制，几乎什么变化都不会发生。公众抵制所要求的人数可能很多，但这样的人数并非遥不可及。历史告诉我们，只要有近 3.5% 的人口参与非暴力抗议活动，成功就是必然的结果。[101] 只要达到所需的参与人数，非暴力抗议活动就一定会成功。在英国，参与人数最低为 230 万，美国则为 1 100 万。

形成上述人数规模在我们的能力范围内。

格蕾塔·桑伯格和她领导的"未来星期五"运动一举成名，这说明世界已经为下一阶段的直接行动做好了准备。[102]格蕾塔发起的民间抵制属于独一无二的公然抗命行为，每个星期五从学校发起，它抓住了时代精神。她在相对较短的时间里发起了这场和平抗议行动，点燃并利用了多个国家数百万名年轻人的愤怒，并将他们纳入定期的气候活动。

石油输出国组织（OPEC）负责人为成功的撤资运动（大量资金撤离与化石燃料有关的资产）增添了新动力：2019年，他把时下大规模动员反对石油的运动视为本行业面临的最大威胁。[103]这一大规模动员以跨越代际和大洲的社会各阶层人民为原发动力。每个选择参与其中的新成员的加入都会使我们向成功的临界点靠近一步。

我们承认，参与学校罢工或公众抵制运动并不总是切实可行的。在世界上那些没有民主的社会，甚至在某些民主社会，这种运动也并不总是安全的。重要的是，希望参与这一政治进程的你要评估可供你选择的参与途径，并找到你在其中发挥作用的方式。

除了直接与政府对峙，我们也必须开展其他政治行动。

鉴于企业和行业协会总是资助和参与反对气候变化领域公民行动的政治游说，我们要撤回对这些企业的支持，最简单的方式是"用钱投票"：停止购买这些企业的股票，在有其他选择的情形下停止购买其产品和服务。向你的开户银行表明意见，向管理你的保险产品或债券的机构表明意见。查明你的资金是否被投向这些企业，并要求其做出新的选择。一些金融机构正在采取保护性行动，但其他金融机构可能尚未感觉到客户施加的要求其在资本分配上做出重大转变的所需的足够压力。

那些目前稳定且努力寻找恰当方式以应对这一挑战的政府是我们应该合作的对象而不是反对的对象。我们都有责任运用我们在传统权力系统中掌握的任何可利用的工具，并竭尽所能尽快将其发挥到极致。在系统内外施压推动早应实行的政治变革的同时，我们还应警惕那些机构的反作用——阻挠我们行使基本权利和压制我们在转型时期共克时艰的能力。数百年来——在有些情况下则是数千年来——我们的执政、教育、宣传、法律和宗教机构一直将我们束缚在规范中。有时甚至可以说，它们是阻碍我们前进的力量，而在某些历史时期，事实确实如此。但我们并不能否认，在我们暴怒和失去理智的时刻，它们确实给予了我们应有的保护，避免我们在最糟糕的本能下做出愚蠢之事。我们要警惕它们给予我们的东西，并在恰当的情形下寻求保护它们的方式。它们一旦消失，就将难以被替代。

气候变化不同于人类曾经面临的其他挑战，对于目前所需的政治、经济和社会变革，我们没有现成的经验可循，但有许多出色的例子可资借鉴。历次公民抵制运动，从20世纪早期的争取妇女参政运动到甘地发起的争取印度独立运动，到马丁·路德·金及其领导的20世纪60年代民权运动，到格鲁吉亚2003年"玫瑰革命"，无一不振奋人心，因为这些运动都曾动员无数人投身于其事业。一个开放、包容的进程和一种同心协力改变历史进程的使命感推动着他们前进，使他们比事先想象的走得更远。正如纳尔逊·曼德拉所说："在事情未成功之时，一切总看似不可能。"

我们参与的时刻已经到来——我们要参与学校、企业、社区、城镇和国家事务，以确保这场解决气候危机的斗争成为历史上最大的政治运动。这并非改换政府或政治领导人就可以完成的事业，而需要我们致力于持久的整治行动和政治参与。实现我们目标的条件已经成熟。我们有走上街头呼吁变革的数百万人的支持，这是一种巨大的动力。全世界的企业、城市、投资者和政府为实现将全球温升控制在1.5摄氏度的目标采取了精心筹划、协调一致的行动，并以开放性的态度倾听来自公众的声音。

民主要在 21 世纪实现生存和繁荣，气候变化是其成败与否的最大考验。

结语
一个崭新的故事

我们希望大家了解两件事情。

第一，即使迟至今日，我们对未来仍然是有选择权的。因此，从现在起，我们采取的每个行动都是有意义的。

第二，我们能够就我们的命运做出正确的选择。我们并非注定走向毁灭性的未来，只要我们行动起来，人类并不是无能为力的，人类能够应对重大问题。

我们的子孙后代在回顾此刻时，很可能将此刻视为从设想转向行动的最重要的转折点。

但我们选择的道路并不平坦，也不能保证一定会成功。未来的道路是曲折的，我们正处于真正的黑暗中，但我们绝对不会回头。我们可能不愿接受这个现实，但实际上这是关键时刻，正如我们读到的那些好的故事一样。我们现在需要做的是坚定不移地专注于这一任务，并认识到失败是不可接受的。

艺术、文学和历史也能像科学那样丰富我们的头脑。应对气候变化的挑战将成为人类奋斗与复兴新征程的一部分。

现在，有关气候危机的流行说法已经没有多大的感召力了，但一个崭新的故事可以提振我们的奋斗热情。

当陈述方式发生变化时，一切也随之发生变化。

1957 年 10 月，美国人仰望着苏联的"斯普特尼克一号"卫星飞越他们国家的上空。[1] 天空中首次出现了卫星，而他们的"敌人"在这一方面赢了他们。那天晚上，从宾夕法尼亚到堪萨斯，再到科罗拉多，无数家庭沮丧地意识到"敌人"能看到他们，而且正在看着他们。

美国是怎样回应的？几年后，美国总统约翰·F. 肯尼迪发表了要在十年内将人送往月球的著名演讲，这是一个挑战性远超发射卫星的创举。[2] 他在讲这番话时并不知道结果如何，也没有具体的预算、计划或时间表。他只是寻回话语权，将美国人置于一种充满希望且他们能够占上风的语境中。

这一演讲使美国国家航空航天局（NASA）感到震惊和兴奋。在短短的几个月内，它就按新目标的要求完成了自我重组。每个团队都比以往更加努力地进行创新，这尤其令年轻人感到振奋和激动。负责"阿波罗号"飞船任务的团队成员的平均年龄为 28 岁。[3] 每个人都是共同努力的一部分，努力让他们的生命有了意义。

肯尼迪在首次造访 NASA 任务控制中心时，遇到一名正在打扫控制室的清洁工。他问道："你在这儿的职责是什么？"

"总统先生，"他回答说，"我正在把一个人送往月球。"[4]

这种强烈的愿景使他感到自己是这项伟大事业的一部分，他确实是。必须有人使该房间保持洁净，如果做不到这一点，他们就不可能将人送往月球。请想象一下，假如他为某政府部门打扫控制室，而该政府部门已被其对手压制，正处于下风，他会有怎样的感受？可以说，正是那种话语激发他行动了起来。

试想一下英国在 1941 年经历闪电袭击的故事。迟至 1939 年，英国人在怎样对付希特勒的问题上仍众说纷纭，分为多个不同派别。其中首相尼维尔·张伯伦坚持绥靖政策，得到了很多人的支持。由于对第一次世界大战记忆犹新，有相当多的人极力逃避现实，不敢正视希特勒不择手段地征服欧洲这个现实问题。后来，张伯伦下台，温斯顿·丘吉尔接任。丘吉尔做了许多事情而被人们铭记，虽然这些事情并不都是积极的，但他在那一时期最显著的成就是在其国民心中铭刻了一段旨在让人们为即将到来的事情做好准备的全新陈述：一座仅存的孤岛，一个最伟大的时刻，在沿海、山地、街道反击敌人的最伟大的一代人，一个决不投降的国家。

对亲身经历那个时代的人进行的无数采访表明，当时有一种共同奋斗的精神贯穿一切行动，从不列颠之战中的飞行员到将其花园和绿地转变为大规模食品生产场地的市民无一不体现了这种精神。从泥土中刨土豆这一简单工作成为支持所爱的人在前线战斗的行动，这是赢得胜利不可或缺的因素。

很长时间以来，即使对于《巴黎协定》，流行的说法也是，气候变化是个过于复杂的问题，要使所有国家同意是不可能的，联合国的结构决定了这样的协定是不可能达成的。对于谈判，很多人会花费很多时间非常详尽地解释为什么不能越过这些错综复杂的关系达成协定。改变这种思维定式是我们迈出的最艰难但却最关键的一步。从在哥本哈根失利到在巴黎达到高峰，这是一个声势逐渐强大的进程。随着声势逐渐强大，故事也发生了变化。

最初，仅有少数人相信我们目前在这方面取得进展是可能的，他们将在其中充当重要角色，但随着时间的推移，有越来越多的人相信这一点。随着每个国家先后做出承诺，有越来越多的人相信这种可能性。太阳能板的价格下降，城市担当起其领导角色，人们在大街上游行，法人机构采取行动，投资者从化石燃料领域撤资，这都是新故事旅程中的重要步伐。

在地球支撑我们现有的生活方式已经达到极限的今天，我们也达到了限定我们生活方式的故事的极限。通过个人竞争实现的个人成功，持续的消费，对人类能够团结起来的怀疑，以及看不到我们正在做的事情对地球有更深刻的影响——这些都不再是有益的了。

现在，我们必须深入理解我们在地球上的共同存在，这并不是因为它对我们所做的事情是一个很好的补充，而是因为这是一个生死攸关的问题。我们目前对再生未来的追求比当年美国将人类送上月球或英国打败希特勒更为复杂，对未来的影响更大。

这并不是一个国家的追求，而是我们所有人、地球上所有国家和族群的责任。无论我们的分歧多么复杂或深刻，我们都要从根本上分享所有重要的东西，以期为今天生活在地球上的每一个人及我们的子孙后代打造一个更加美好的世界。

请想象一下我们实现这种愿景的世界是什么样的。这对你来说可能显得牵强，甚至有点儿乌托邦的味道，但鉴于人类的生存正处于危急关头，我们相信我们现在奋起应对这一挑战的机会比以往更大，人类是能够团结起来做到这一点的。我们能否成功地做到这一点只需短短几年就会见分晓。

我们想通过这本书将新故事中的某些要素编织在一起。

我们可以重新想象一下我们在这个世界上的位置。作为人类，我们有幸在这个经历着深刻变化的时代生活在这颗星球上。

当我们的孩子及孩子的孩子直视着我们并问我们"那时你们在干什么？"时，我们的回答不应该仅是我们做了我们能够做的任何事情。

我们应该回答得更好一些。

其实只有一个答案。

我们做了必须做的所有事情。

今天，让我们开始讲述这些事情：我们是怎样不畏惧这个看起来不可克服的挑战的，以及我们是怎样没有因我们遇到的诸多挫折而感到气馁的。让我们讲述我们是怎样做出从危险边缘撤回的选择的，以及我们严肃地承担起自身的责任，做一切必要的事情，以便从危机中奋起，同时重新建立彼此间的关系，以及有助于人类更好地生活在地球上的人类与各种自然系统的关系。

让我们共同成就这个伟大的冒险故事，逆袭的故事。

一个奋力谋求生存的故事。

一个繁荣发展的故事。

即刻开始行动

这份行动计划是强乐观思维主义者在一场逐渐壮大的运动中承诺实现的全球再生目标的一部分。要实现这个目标，我们一定要一起行动。希望你可以打开这个网站加入我们：www.GlobalOptimism.com。

现在

- 首先做一次深呼吸，然后决定我们要共同去做这件事，你也要扮演好自己的角色。你将成为一个充满希望的有远见的人，能够透过目前的黑暗看到人类的美好前景。从现在起，结束绝望，开始讲求策略。
- 下定决心积极参与未来政治。你将为倡导减排的候选人投赞成票、竞选助威和提供支持。拒绝怀旧政治。在未来十年里，这将是你在政治上的第一选项。
- 承诺到 2030 年，你对气候的影响在现有水平上减少一半以上，争取减少 60%。因为现在你并不知道将来应该怎样做才不会致使你半途而废。我们都在学习。

今天或明天

- 确定你支持的主要执政官员在气候变化问题上的立场。就你的承诺向他们写信，以便他们知悉。告诉他们你在观察他们。

· 每周至少有一天选择素食，并决定何时增加素食天数。

· 从大处着眼。你对气候变化影响最大的是什么，你将为实现再生未来做哪些大事？

· 将你的承诺亲自或通过社交媒体告诉他人。不要害羞！邀请他人效仿。你的示范作用将激励他们做同样的事情。

本周

· 与你的同伴、孩子和朋友分享你减排一半以上的个人计划，并邀请他们也这样做。保护全部生命的未来应该是快乐的。开心地做这件事吧。

· 采取某些行动并坚持下去——它会赋予你做下去的动力。减少日常能源消费，以自行车代替汽车，将你的能源来源转向100%的清洁能源。这都是很好的，也是需要你做的事情。想想你还能做什么事情，同时要记住你有大量的事情要做。

· 出门随便看看。世界遭到破坏，令人心痛，但它也是美丽的和完整的。关注你忘掉的东西，如春天生长中的叶子或冬天枯叶上的冰霜。体味我们对地球的感恩之情，感谢她的丰富与美丽。

· 请收听我们的播客《乐观与愤怒》。我们将在节目中与来自世界各地的特邀嘉宾和专家讨论气候问题。你可以随时随地通过播客或登录网站 https://globaloptimism.com/podcasts/ 收听《乐观与愤怒》。

本月

- 找出你周边组织中参与气候变化政治活动的人士。出席其会议并会见有关市民。敞开胸怀，让自己被那些致力于改变世界的团体所创造的奇迹激励。

- 与对气候变化问题不积极的人士交谈，了解他们的立场，从他们的视角出发，温和地强化其危机意识。

- 将你的承诺付诸行动：今年你将做些什么？它将怎样影响你和你的家庭？你将怎样着手应用你计划做出的改变？

- 计算你的碳足迹，这样就能知道你的碳排放来源。网上提供了几种不同的计算工具，请选择合适的计算工具，以此了解如何降低碳排放以实现最佳效果。

- 登录网站 www.count-us-in.org，写下你的承诺，然后加入一个世界各地的人组成的不断壮大的社区，与他们一起减少碳排放。

- 挑战你的消费观。看看你买的东西，自问它们是否给你带来了快乐。质疑你购物贪多的冲动，体会减少购物给你带来的轻松感。

- 开始正念修炼，也可以做感恩性呼吸练习。每天坚持，即使只持续几分钟也可以。学会在你本人、世界和你的反应间创建光隙。

- 植树。尽量多植树。寻找当地植树团体。尽量亲自到现场植树，如本人不能亲自到场，应支持他人前往。

- 了解你有哪些优先于他人的特权，致力于帮助相关人士建立一个对所有人公平的活动环境。

本年

· 在日常生活中讲求策略。寻求推进减排事业的集体活动机会。这会启发你并帮助你感受到你是共同奋斗的一分子。在有可能的情况下，在你生活的地方经常参加直接行动，比如投票！

· 始终如一。你可以将你的电力来源转为 100% 的可再生能源，重新选择你的上下班交通方式，改变你的飞行习惯，改变你的饮食结构。如果你能将这些努力坚持一年，每年坚持就很容易了。要认可你的行动。

截至 2030 年

· 实现你减排一半以上的计划。预祝你成功。

· 资助他人进行更多的植树活动，以此表明你对这一活动的支持。树木是有益的，世界需要更多的树木。

· 确保你在国家或地区级选举中根据这些优先选项投票，并公开宣称你就是这样做的。

· 继续践行你养成的其他新习惯。

· 鼓励你身边的人——家人、朋友和所爱的人——加强气候意识。

· 开始计划在未来十年实现再次减排一半以上。

2050 年之前

· 实现净零排放，成为为所有人选择美好未来的一代新人的一
  分子。

附录

气温变化趋势

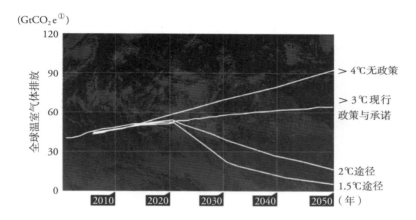

(GtCO$_2$e[①])

全球温室气体排放

> 4℃无政策

> 3℃现行
政策与承诺

2℃途径
1.5℃途径

2010 2020 2030 2040 2050 （年）

120

90

60

30

0

来源：气温变化趋势，改编自《气候行动跟踪》(*Climate Action Tracker*)
(https://climateactiontracker.org/global/temperatures/)。

---

① GtCO$_2$e，gigatonnes of carbondioxide equivalent，10 亿吨二氧化碳。——编者注

致谢

　　首先，我们要感谢那些一直以来塑造和引导着我们世界观的家人和导师，特别是何塞·菲格雷斯·雷尔、科菲·安南、一行禅师、比·里维特-卡纳克、奈杰尔·托平、安东尼·特纳、保罗·迪金森、弗雷泽·德拉姆、霍华德和休·兰姆夫妇、薇薇恩和迈克尔·扎米特·库塔加夫妇、真奉献比丘尼、僧侣派普·莱和派普·林。

　　本书在很大程度上是共同起草 2015 年《巴黎协定》的各位同人的工作成果，也是那时以来致力于确保我们应对时代挑战的种种努力的结晶。

　　一大批深受信任的友人和顾问对本书中观点的形成和完善给予了直接性协助，我们感谢他们的耐心审阅和睿智建议，尤其感谢下列人士：娜塔莎·里维特-卡纳克、杰西·艾布拉姆斯、斯蒂芬妮·安东尼亚、罗西娜·伯鲍姆、阿曼达·艾歇尔、尼克·福斯特、托马斯·弗里德曼、萨拉·古迪纳夫、卡勒姆·格里夫、戴夫·希克斯、安德鲁·海厄姆、约翰·霍尔德伦、萨拉·亨特、默林·海曼、拉杰·乔希、安迪·卡斯纳、萨提什·库玛、格雷厄姆·莱斯特、林塞·莱文、托马斯·林加德、托马斯·洛夫乔伊、马克·莱纳斯、迈克尔·曼、马里纳·曼西利亚·赫尔曼、马克·马斯林、比尔·麦吉本、珍妮弗·摩根、朱尔斯·佩克、马修·菲利普斯、布鲁克斯·普雷斯顿、夏伊拉·拉格哈弗、克洛艾·雷维尔、迈克·里维特-卡纳克、比尔·夏普、尼古拉斯·斯特恩、贝奇·泰勒、安妮·托平、帕特里克·维科金、史蒂夫·韦古德、丹尼尔·沃尔、马丁·温斯坦和克雷姆·依马兹。对佐伊·特克拉克-安蒂什、劳伦·哈姆林和维多利亚·哈里斯，则给予特别感谢。

更有无数友人和同事和我们风雨同舟，我们共同起草《巴黎协定》，在世人为应对气候危机和审慎选择美好未来而采取的重大行动中共同奋斗。这样的友人和同事数不胜数，我们很遗憾在这里无法提及他们所有人，但我们需要特别提及亚力扬德罗·安盖格、洛雷娜·阿圭勒、法赫德·阿尔·阿提亚、阿里·阿尔-奈米、卡洛斯·阿尔瓦拉多·克萨达、肯·亚历克斯、克里斯蒂娜·阿曼普尔、克里斯·安德森、马茨·安德森、莫妮卡·阿拉亚、约翰·阿什福德、戴维·阿滕伯勒、奥萝拉、玛丽安娜·阿瓦德、彼得·巴克、薇薇安·巴拉克里什南、阿杰伊·邦加、格雷格·巴克、埃科门尼科尔·帕特里亚克·巴索洛缪、凯文·鲍默特、休·比尼阿兹、法提赫·比罗尔、尼科莉特·巴特利特、奥利弗·贝特、马克·贝尼奥夫、杰夫·贝索斯、迪安·比亚莱科、迈克尔·布隆伯格、梅·博夫、盖尔·布拉德布鲁克、皮尔斯·布拉德福德、理查德·布兰森、杰斯珀·布罗丁、汤姆·布鲁克斯、杰里·布朗、莎伦·伯罗、费莉佩·考尔德伦、凯茜·卡尔文、马克·坎帕纳尔、米格尔·阿里亚斯·卡内特、马克·卡尼、克莱·卡尼尔、安德烈亚·科雷亚·多拉戈、安妮-索菲·赛瑞索拉、罗宾·蔡斯、萨加瑞卡·查特吉、皮莉塔·克拉克、海伦·克拉克森、乔·康菲诺、阿伦·克拉默、戴维·克兰、托马斯·安克·克里斯滕森、约翰·丹尼洛维奇、科尼尔斯·戴维斯、托尼·德布鲁姆、博纳迪塔斯·德卡斯特罗·穆勒、布赖恩·迪斯、克劳迪奥·德斯卡西、莱昂纳多·迪卡普里奥、葆拉·狄佩娜、埃利奥特·迪林格、桑德林·迪克森·德克里夫、阿哈默德·多赫拉弗、克劳迪娅·多布尔·卡玛戈、阿利斯特·多伊尔、何塞·曼努埃尔·恩特里坎纳尔斯、埃尔纳尼·埃斯科巴、帕特里西娅·埃斯皮诺萨、伊曼纽尔·费伯、内森·法比安、劳伦特·法比乌斯、埃米莉·法恩沃思、丹尼尔·费格、詹姆斯·弗莱彻、方济各、盖尔·加利、格蕾丝·格尔德、克丽丝塔莉娜·格奥尔基耶娃、科迪·吉尔达特、珍·古道尔、阿尔·戈尔、基莫·格里、埃利·古尔丁、马茨·格兰瑞德、杰里·格林菲尔德、欧拉夫·格里姆森、萨莉·格罗弗·宾厄姆、伊曼纽尔·格林、卡夫·吉兰普、斯图尔特·格利弗、安杰尔·古里亚、安东尼奥·古特雷斯、威廉·黑格、托马斯·黑尔、布拉德·霍尔、温尼·哈尔瓦克斯、西蒙·汉佩尔、凯特·汉普顿、尤瓦尔·诺亚·赫拉利、雅各布·希特利-亚当斯、朱利安·赫克托、希尔达·海因、内德·赫尔姆、芭芭拉·亨德里克斯、杰米·亨恩、安妮·伊达尔戈、弗朗索瓦·奥朗德、埃玛·霍华德·博伊德、斯蒂芬·霍华德、阿里安娜·赫芬顿、卡拉·赫斯特、杰伊·英斯利、纳塔莉·艾萨克斯、玛丽亚·伊万诺娃、莉萨·杰克逊、莉萨·雅各布森、丹·詹曾、米歇尔·杰拉德、莎朗·约翰逊、凯尔西·朱莉安娜、尤兰达·卡卡巴德斯、利拉·卡巴西、凯欧·科克-威瑟、马辛·克罗拉克、伊恩·基思、马克·肯伯、约翰·克里、肖恩·基德尼、吉姆·金、潘基文、金丽飒、理查德·金利、贾扬蒂·基帕拉尼修女、伊莎贝拉·科克尔、拉里·克雷默、凯利·克雷德、基尚·库玛辛格、蕾切尔·凯特、克里斯蒂娜·拉加德、菲利普·兰伯特、丹·拉肖夫、吉尔赫姆·利尔、佩妮洛普·利娅、伯尼斯·李、杰里米·莱格特、托马斯·林加德、安德鲁·利夫里斯、亨特·洛文斯、明迪·露伯、米格尔·安吉尔·曼塞拉·埃斯皮诺萨、斯特拉·麦卡特尼、吉娜·麦卡锡、比尔·麦克唐纳、凯瑟琳·麦肯纳、索尼娅·梅迪纳、贝尔纳黛特·米汉、约翰尼斯·迈耶、玛丽亚·门迪鲁斯、安托万·米琼、戴维·米利班德、埃德·米利班德、阿米纳·穆罕默德、珍妮弗·莫里斯、托西·姆帕努-姆帕努、诺兹弗·姆扎卡托-狄塞科、库米·奈都、妮科尔·吴、迈特·恩科阿纳-马沙巴内、英德拉·努伊、迈克尔·诺思罗普、蒂姆·纳托尔、比尔·奈、雷夫·奥弗、琼·厄尔旺、恩戈齐·奥孔约-伊维拉、欣杜·奥马鲁·易卜拉欣、莫·易卜拉欣、凯文·奥汉隆、勒内·奥雷拉纳、瑞肯·帕特尔、乔斯·佩尼多、夏洛特·佩拉、乔纳森·珀欣、斯蒂芬·佩特里科恩、斯蒂芬妮·菲弗、香农·菲利普斯、伯特兰·皮卡德、弗朗索瓦-亨利·皮诺、约翰·波德斯塔、保罗·波尔曼、伊恩·庞斯、卡尔·波普、乔纳森·波里特、帕特里克·普亚恩、曼努埃尔·普尔加·维达尔、特雷西·拉奇克、贾伊拉姆·拉梅什、柯蒂斯·拉夫尼

致谢　179

尔、罗宾·雷克、吉塔·雷迪、丹·莱夫斯奈德、菲奥纳·雷诺兹、亚历克斯·里维特-卡纳克、克里斯·里维特-卡纳克、本·罗兹、尼克·罗宾斯、吉姆·罗宾逊、玛丽·罗宾逊、克里斯提姆·罗德里格斯、马修·罗德里格斯、凯文·拉德、马克·鲁法洛、阿图尔·朗格-梅茨格、弗雷德里克·萨玛玛、卡斯滕·塞奇、克劳迪娅·萨勒诺·卡尔德拉、理查德·萨曼斯、M.桑杰安、史蒂夫·索耶、杰罗姆·施米特、柯丝蒂·施尼伯格、克劳斯·施瓦布、阿诺德·施瓦辛格、杰夫·西布莱特、马罗斯·塞夫科维奇、利娅·塞利格曼、彼得·塞利格曼、奥利格·沙马诺夫、凯文·希基、塞思·舒尔茨、费克·西耶贝斯马、纳特·西蒙斯、保罗·辛普森、迈克尔·斯凯利、埃尔娜·索尔贝格、安德鲁·斯蒂尔、阿奇姆·斯坦纳、托德·斯特恩、汤姆·斯戴尔、艾琳·苏亚雷斯、穆斯塔法·苏莱曼、特里·塔米宁、拉丹·塔塔、阿斯特洛·泰勒、特莎·特恩特、苏珊·蒂尔妮、哈尔多·索尔吉森、格蕾塔·桑伯格、斯文特·桑伯格、哈拉·托马斯多蒂尔、劳伦斯·图比亚纳、基思·塔弗雷、乔·廷德尔、汉迪·乌鲁卡亚、本·范·伯登、安迪·维西、吉诺·范·贝金、马克·沃茨、多米尼克·瓦雷、梅里迪思·韦伯斯特、斯科特·韦纳、海伦·威尔史密斯、安莎·威廉姆斯、德西玛·威廉姆斯、马克·威尔逊、贾斯廷·温特斯、马丁·沃尔夫、法尔哈纳·亚敏、张越、穆罕默德·尤努斯、约亨·蔡兹、解振华等人士。

感谢《联合国气候变化框架公约》秘书处的各位优秀同事、始终谨慎勤勉的联合国安全人员和堪称典范的"使命2020"团队。

本书的定稿离不开我们有幸合作的克诺夫和邦尼尔公司的编辑埃罗尔·麦克唐纳和玛格丽特·斯特德及他们各自的团队的倾情付出。

我们曾为撰写本书酝酿了整整两年，但几乎毫无进展，直到2018年9月我们遇到道格·艾布拉姆斯，事情才发生了转机。道格及创意建筑师图书和媒体开发代理机构的团队彻底颠覆了我们的做法，奇迹般地将这项酝酿中的计划变成了现实。没有他们，这简直无法想象，也无法实现。本书在很大程度上得益于这个团队；除了道格，我们同样感谢文字大师拉拉·洛夫和效率极高的泰·吉迪恩·洛夫。我们还要感谢卡斯皮安·丹尼斯、桑迪·维奥莱特和艾伯纳·斯坦出版社的整个团队，以及卡米拉·费里尔、杰玛·麦克多纳和马什出版代理机构的整个团队。

最后，我们特别感谢在撰写本书过程中始终支持我们的挚友和家人。在撰写本书的几个月里，我们经历了终生难以忘怀的诸多人生大事，可谓悲喜交集：令我们悲伤的是，克里斯蒂安娜的两位兄弟马里亚诺和马蒂、汤姆的岳母艾琳·沃尔特、道格的父亲理查德·艾布拉姆斯先后去世。但值得高兴的是，克里斯蒂安娜的女儿伊安娜喜结良缘。我们深切感谢在此期间始终慷慨、耐心支持我们的友人，特别是奈玛·里特、伊安娜·里特、柯尔斯滕·菲格雷斯、马里亚诺·菲格雷斯、查科·德尔加多、戴维·霍尔、罗恩·沃尔特、戴安娜·斯特赖克、萨拉·里维特-卡纳克和娜塔莎·里维特-卡纳克。

你们伴我们走过昨天，陪伴着我们的现在，还将伴我们一起走向未来。

注释

前言　决定性的十年

1. Charles Keeling, "The Concentration and Isotopic Abundances of Carbon Dioxide in the Atmosphere," *Tellus* 12, no. 2 (1960): 200–203, https://onlinelibrary.wiley.com/doi/epdf/10.1111/j.2153-3490.1960.tb01300.x. 加利福尼亚大学斯克里普斯海洋研究所记录了 1958 年以来的全球大气层二氧化碳浓度值，并更新了基林曲线：https://scripps.ucsd.edu/programs/keelingcurve/。蕾切尔·卡森的《寂静的春天》（New York：Mariner Books，1962）第一次把人类行为对环境的破坏影响公之于世，引发了全球气候运动。1963 年，卡森参加参议员小组委员会并提交政策建议。关于这本书的影响，参见 Eliza Griswold, "How 'Silent Spring' Ignited the Environmental Movement", *New York Times Magazine*, 21 September 2012, https://www.nytimes.com/2012/09/23/magazine/how-silent-spring-ignited-the-environmental-movement.html。

2. David Neild, "This Map Shows Where in the World Is Most Vulnerable to Climate Change," Science Alert, February 19, 2016, https://www.sciencealert.com/this-map-shows-the-parts-of-the-world-most-vulnerable-to-climate-change.

3. 这两篇文章清楚地解释了科学原理，并含有有助于理解的视觉效果图：D. Piepgrass, "How Could Global Warming Accelerate If CO_2 Is 'Logarithmic'?" Skeptical Science, March 28, 2018, https://skepticalscience.com/why-global-warming-can-accelerate.html; Aarne Granlund, "Three Things We Must Understand About Climate Breakdown," Medium, August 30, 2017, https://medium.com/@aarnegranlund/three-things-we-dont-understand-about-climate-change-c59338a1c435.

4. Neild, "This Map Shows Where in the World Is Most Vulnerable to

Climate Change."

5. 包括美国和英国，例如：Sandra Laville, "Two-thirds of Britons Want Faster Action on Climate, Poll Finds," *Guardian* (U.S. edition), June 19, 2019, https://www.theguardian.com/environment/2019/jun/19/britons-want-faster-action-climate-poll; Valerie Volcovici, "Americans Demand Climate Action (As Long As It Doesn't Cost Much): Reuters Poll," Reuters, June 26, 2019, https://www.reuters.com/article/us-usa-election-climatechange/americans-demand-climate-action-reuters-poll-idUSKCN1TR15W.

6. Elizabeth Howell, "How Long Have Humans Been on Earth?" Universe Today, January 19, 2015, https://www.universetoday.com/38125/how-long-have-humans-been-on-earth/; Chelsea Harvey, "Scientists Say That 6,000 Years Ago, Humans Dramatically Changed How Nature Works," *Washington Post*, December 16, 2015, https://www.washingtonpost.com/news/energy-environment/wp/2015/12/16/humans-dramatically-changed-how-nature-works-6000-years-ago/.

7. Margherita Giuzio, Dejan Krusec, Anouk Levels, Ana Sofia Melo, et al., "Climate Change and Financial Stability," *Financial Stability Review*, May 2019, https://www.ecb.europa.eu/pub/financial-stability/fsr/special/html/ecb.fsrart201905_1~47cf778cc1.en.html.

8. Megan Mahajan, "Plunging Prices Mean Building New Renewable Energy Is Cheaper Than Running Existing Coal," *Forbes*, December 3, 2018 (updated May 6, 2019), https://www.forbes.com/sites/energyinnovation/2018/12/03/plunging-prices-mean-building-new-renewable-energy-is-cheaper-than-running-existing-coal/#61a0db2631f3.

9. Fossil Free, "What Is Fossil Fuel Divestment?" https://gofossilfree.org/divestment/what-is-fossil-fuel-divestment/.

10. Chris Flood, "Climate Change Poses Challenge to Long-Term Investors," *Financial Times*, April 22, 2019, https://www.ft.com/content/992

ba12a-c02a-3bca-b947-0e2fbc5e91b7.

第一章　最后的窗口期

1.　有关冰期的更多信息，请参见 Michael Marshall, "The History of Ice on Earth," *New Scientist,* May 24, 2010, https://www.newscientist.com/article/dn18949-the-history-of-ice-on-earth/。

2.　世界人口预计将于 2050 年之前达到 98 亿。United Nations Department of Economic and Social Affairs, "Growing at a Slower Pace, World Population Is Expected to Reach 9.7 Billion in 2050 and Could Peak at Nearly 11 Billion around 2100," June 17, 2019, https://www.un.org/development/desa/en/news/population/world-population-prospects-2019.html.

3.　Daniel Christian Wahl, "Learning from Nature and Designing as Nature: Regenerative Cultures Create Conditions Conducive to Life," Biomimicry Institute, September 6, 2016, https://biomimicry.org/learning-nature-designing-nature-regenerative-cultures-create-conditions-conducive-life/.

4.　工业革命和石油燃料消费的激增改变了我们的方向。欲了解更多信息，请参见 History.com, "Industrial Revolution," July 1, 2019 (updated September 9, 2019), https://www.history.com/topics/industrial-revolution/industrial-revolution，了解工业革命史；以及 Hannah Ritchie and Max Roser, "Fossil Fuels," Our World in Data, https://ourworldindata.org/fossil-fuels，了解石油燃料的使用和发展情况。

5.　National Aeronautics and Space Administration, "Changes in the Carbon Cycle," NASA Earth Observatory, June 16, 2011, https://earthobservatory.nasa.gov/features/CarbonCycle/page4.php.

6.　Rémi d'Annunzio, Marieke Sandker, Yelena Finegold, and Zhang Min, "Projecting Global Forest Area Towards 2030," *Forest Ecology and Man-*

agement 352 (2015): 124–33, https://www.sciencedirect.com/science/article/pii/S0378112715001346; John Vidal, "We Are Destroying Rainforests So Quickly They May Be Gone in 100 Years," *Guardian* (U.S. edition), January 23, 2017, https://www.theguardian.com/global-development-professionals-network/2017/jan/23/destroying-rainforests-quickly-gone-100-years-deforestation.

7. Josh Gabbatiss, "Earth Will Take Millions of Years to Recover from Climate Change Mass Extinction, Study Suggests," *Independent*, April 8, 2019, https://www.independent.co.uk/environment/mass-extinction-recovery-earth-climate-change-biodiversity-loss-evolution-a8860326.html.

8. Richard Grey, "Sixth Mass Extinction Could Destroy Life as We Know It—Biodiversity Expert," *Horizon*, March 4, 2019, https://horizon-magazine.eu/article/sixth-mass-extinction-could-destroy-life-we-know-it-biodiversity-expert.html; Gabbatiss, "Earth Will Take Millions of Years."

9. LuAnn Dahlman and Rebecca Lindsey, "Climate Change: Ocean Heat Content," Climate.gov, August 1, 2018, https://www.climate.gov/news-features/understanding-climate/climate-change-ocean-heat-content.

10. Lauren E. James, "Half of the Great Barrier Reef Is Dead," *National Geographic*, August 2018, https://www.nationalgeographic.com/magazine/2018/08/explore-atlas-great-barrier-reef-coral-bleaching-map-climate-change/.

11. T. Schoolmeester, H. L. Gjerdi, J. Crump, et al., *Global Linkages: A Graphic Look at the Changing Arctic, Rev. 1* (Nairobi and Arendal: UN Environment and GRID-Arendal, 2019), http://www.grida.no/publications/431.

12. National Aeronautics and Space Administration, "As Seas Rise, NASA Zeros In: How Much? How Fast?" August 3, 2017, https://www.nasa.gov/goddard/risingseas.

13. Joseph Stromberg, "What Is the Anthropocene and Are We in It?" *Smithsonian*, January 2013, https://www.smithsonianmag.com/science-nature/what-is-the-anthropocene-and-are-we-in-it-164801414/.

14. 相关内容的进一步探讨，参见 Darrell Moellendorf, "Progress, Destruction, and the Anthropocene," *Social Philosophy and Policy* 34, no. 2 (2017): 66–88。亦可观看纪录片：*Anthropocene: The Human Epoch*, 2018, https://theanthropocene.org/film/。

15. 全球温度比工业革命之前平均上升了 3 摄氏度。

16. 即全球温度比工业革命之前平均上升了 1.5 摄氏度。

17. 完整的解释参见 Intergovernmental Panel of Climate Change, "Special Report: Global Warming of 1.5 ºC," 2018, https://www.ipcc.ch/sr15/。

18. Nebojsa Nakicenovic and Rob Swart, eds., *Special Report on Emissions Scenarios* (Cambridge, UK: Cambridge University Press, 2000), https://www.ipcc.ch/report/emissions-scenarios/.

第二章　大崩溃——当下的世界

1. Department of Public Health, Environmental and Social Determinants of Health, World Health Organization, "Ambient Air Pollution: Health Impacts," https://www.who.int/airpollution/ambient/health-impacts/en/.

2. Greenpeace Southeast Asia, "Latest Air Pollution Data Ranks World's Cities Worst to Best," March 5, 2019, https://www.greenpeace.org/southeastasia/press/679/latest-air-pollution-data-ranks-worlds-cities-worst-to-best/.

3. "Cloud Seeding," ScienceDirect, https://www.sciencedirect.com/topics/earth-and-planetary-sciences/cloud-seeding.

4. 酸雨是一种降水形式，包含高浓度的硝酸和硫酸。酸雨也可以雪或雾的形式出现。正常的降雨略带酸性，pH 值为 5.6，而酸雨的 pH 值介于 4.2 和 4.4。大多数酸雨是人类活动造成的，最主要的来源是煤炭发电厂、工厂和汽车。参见 Christina Nunez, "Acid Rain Explained," *National Geographic*, February 28, 2019, https://www.nationalgeographic.com/environment/global-warming/acid-rain/。

5. Heather Smith, "Will Climate Change Move Agriculture Indoors? And Will That Be a Good Thing?" Grist, February 3, 2016, https://grist.org/food/will-climate-change-move-agriculture-indoors-and-will-that-be-a-good-thing/.

6. Johan Rockström, "Climate Tipping Points," Global Challenges Foundation, https://www.globalchallenges.org/en/our-work/annual-report/climate-tipping-points.

7. 参见 David Wallace-Wells, *The Uninhabitable Earth: Life After Warming* (New York: Tim Duggen Books, 2019)。

8. Great Barrier Reef Marine Park Authority, "Climate Change," 2018, http://www.gbrmpa.gov.au/our-work/threats-to-the-reef/climate-change.

9. Aylin Woodward, "One of Antarctica's Biggest Glaciers Will Soon Reach a Point of Irreversible Melting," *Business Insider France*, July 9, 2019, http://www.businessinsider.fr/us/antarctic-glacier-on-way-to-irreversible-melt-2019-7.

10. Roz Pidcock, "Interactive: What Will 2C and 4C of Warming Mean for Sea Level Rise?" Carbon Brief, September 11, 2015, https://www.carbonbrief.org/interactive-what-will-2c-and-4c-of-warming-mean-for-global-sea-level-rise; Josh Holder, Niko Kommenda, and Jonathan Watts, "The Three-Degree World: The Cities That Will Be Drowned by Global Warming," *Guardian* (U.S. edition), November 3, 2017, https://www.theguardian.com/cities/ng-interactive/2017/nov/03/three-degree-world-cities-drowned-global-warming.

11. United Nations Climate Change News, "Climate Change Threatens

National Security, Says Pentagon," October 14, 2014, https://unfccc.int/news/climate-change-threatens-national-security-says-pentagon. 更多有用的信息参见 American Security Project, "Climate Security Is National Security," https://www.americansecurityproject.org/climate-security/。

12. Polar Science Center, "Antarctic Melting Irreversible in 60 Years," http://psc.apl.uw.edu/antarctic-melting-irreversible-in-60-years/.

13. Ocean Portal Team, "Ocean Acidification," Smithsonian Institute, April 2018, https://ocean.si.edu/ocean-life/invertebrates/ocean-acidification.

14. Chang-Eui Park, Su-Jong Jeong, Manoj Joshi, et al., "Keeping Global Warming Within 1.5℃ Constrains Emergence of Aridification," *Nature Climate Change* 8, no. 1 (January 2018): 70–74.

15. Regan Early, "Which Species Will Survive Climate Change?" *Scientific American*, February 17, 2016, https://www.scientificamerican.com/article/which-species-will-survive-climate-change/.

16. Scientific Expert Group on Climate Change and Sustainable Development, "Confronting Climate Change: Avoiding the Unmanageable and Managing the Unavoidable," Sigma Xi, February 2007, https://www.sigmaxi.org/docs/default-source/Programs-Documents/Critical83647-Issues-in-Science/executive-summary-of-confronting-climate83647-change.pdf.

17. 更多关于气候变化给这些河流系统带来的危险的信息，参见 John Schwartz, "Amid 19-Year Drought, States Sign Deal to Conserve Colorado River Water," *New York Times*, March 19, 2019, https://www.nytimes.com/2019/03/19/climate/colorado-river-water.html。Sarah Zielinski, "The Colorado River Runs Dry," *Smithsonian*, October 2010, https://www.smithsonianmag.com/science-nature/the-colorado-river-runs-dry-61427169/; "Earth Matters: Climate Change Threatening

to Dry Up the Rio Grande River, a Vital Water Supply," CBS News, April 22, 2019, https://www.cbsnews.com/news/earth-day-2019-climate-change-threatening-to-dry-up-rio-grande-river-vital-water-supply/.

18. Gary Borders, "Climate Change on the Rio Grande," *World Wildlife Magazine*, Fall 2015, https://www.worldwildlife.org/magazine/issues/fall-2015/articles/climate-change-on-the-rio-grande.

19. Brian Resnick, "Melting Permafrost in the Arctic Is Unlocking Diseases and Warping the Landscape," Vox, September 26, 2019, https://www.vox.com/2017/9/6/16062174/permafrost-melting.

20. "How Climate Change Can Fuel Wars," *Economist*, May 23, 2019, https://www.economist.com/international/2019/05/23/how-climate-change-can-fuel-wars.

21. Silja Klepp, "Climate Change and Migration," *Oxford Research Encyclopedias: Climate Science*, April 2017, https://oxfordre.com/climate science/view/10.1093/acrefore/9780190228620.001.0001/acrefore-9780190228620-e-42.

22. Brian Resnick , "Melting Permafrost in the Arctic Is Unlocking Diseases and Warping the Landscape," Vox, 26 September 2019, http://www.vox.com/2017/9/6/16062174/permafrost-melting.

23. Derek R. MacFadden, Sarah F. McGough, David Fisman, Mauricio Santillana, and John S. Brownstein, "Antibiotic Resistance Increases with Local Temperature," *Nature*, May 21, 2018, https://www.nature.com/articles/s41558-018-0161-6.

第三章 碳中和——必须创造的世界

1. P. J. Marshall, "Reforestation: The Critical Solution to Climate Change," Leonardo DiCaprio Foundation, December 7, 2018, https://www.

leonardodicaprio.org/reforestation-the-critical-solution-to-climate-change/.

2. 胡里奥·迪亚兹是马德里卡洛斯三世健康研究所下属国立公共卫生学院的一名公共卫生和环境专家，其在报告中称，在炎热的季节，肾脏有问题或患有帕金森病等神经退行性疾病的个人更易于犯病。高温还会引发早产、出生率低等问题。Cited in Manuel Planelles, "More Than a Feeling: Summers in Spain Really Are Getting Longer and Hotter," *El País*, April 3, 2019, https://elpais.com/elpais/2019/04/03/inenglish/1554279672_888064.html.

3. E. O. Wilson Biodiversity Foundation, "Half-Earth: Our Planet's Fight for Life," https://eowilsonfoundation.org/half-earth-our-planet-s-fight-for-life/; Emily E. Adams, "World Forest Area Still on the Decline," Earth Policy Institute, August 31, 2012, http://www.earth-policy.org/indicators/C56/forests_2012.

4. Project Drawdown, "Tree Intercropping," https://www.drawdown.org/solutions/food/tree-intercropping; Project Drawdown, "Silvopasture," https://www.drawdown.org/solutions/food/silvopasture.

5. Petra Todorovich and Yoav Hagler, "High-Speed Rail in America," America 2050, January 2011, http://www.america2050.org/pdf/HSR-in-America-Complete.pdf; Anton Babadjanov, "Can We Replace Cross-Country Air with Rail Travel? Yes, We Can!" Seattle Transit Blog, February 15, 2019, https://seattletransitblog.com/2019/02/15/can-we-replace-cross-country-air-with-rail-travel-yes-we-can/.

6. Project Drawdown, "Nuclear," https://www.drawdown.org/solutions/electricity-generation/nuclear. 也可参见 Union of Concerned Scientists, "Nuclear Power & Global Warming," May 22, 2015 (updated November 8, 2018), https://www.ucsusa.org/nuclear-power/nuclear-power-and-global-warming。

7. RMIT University, "Solar Paint Offers Endless Energy from Water Vapor," ScienceDaily, June 14, 2017, https://www.sciencedaily.com/releases/2017/06/170614091833.htm.

8. Global Water Scarcity Atlas, "Desalination Powered by Renewable Energy," https://waterscarcityatlas.org/desalination-powered-by-renewable-energy/.

9. Project Drawdown, "Pasture Cropping," https://www.drawdown.org/solutions/coming-attractions/pasture-cropping. 也可参见 Taylor Mooney, "What Is Regenerative Farming? Experts Say It Can Combat Climate Change," CBS News, July 28, 2019, https://www.cbsnews.com/news/what-is-regenerative-farming-cbsn-originals/。

10. 有关气候变化和食品价格的更多信息，参见 Nitin Sethi, "Climate Change Could Cause 29% Spike in Cereal Prices: Leaked UN Report," *Business Standard*, July 15, 2019, https://www.business-standard.com/article/current-affairs/climate-change-could-cause-29-spike-in-cereal-prices-leaked-un-report-119071500637_1.html。

11. 有关这个概念的更多信息，参见 Anna Behrend, "What Is the True Cost of Food?" *Spiegel Online*, April 2, 2016, https://www.spiegel.de/international/tomorrow/the-true-price-of-foodstuffs-a-1085086.html; Megan Perry, "The Real Cost of Food," Sustainable Food Trust, November 2015, https://sustainablefoodtrust.org/articles/the-real-cost-of-food/。

12. Sarah Gibbens, "Eating Meat Has 'Dire' Consequences for the Planet, Says Report," *National Geographic*, January 16, 2019, https://www.nationalgeographic.com/environment/2019/01/commission-report-great-food-transformation-plant-diet-climate-change/.

13. Fisheries and Aquaculture Department, Food and Agriculture Organization of the United Nations, "Climate Change Mitigation Strategies," September 28, 2016, http://www.fao.org/fishery/topic/166280/en.

14. Jennifer L. Pomeranz, Parke Wilde, Yue Huang, Renata Micha, and Dariush Mozaffarian, "Legal and Administrative Feasibility of a Federal Junk Food and Sugar-Sweetened Beverage Tax to Improve Diet," *American Journal of Public Health*, January 10, 2018, https://ajph.apha publications. org/doi/10.2105/AJPH.2017.304159; Arlene Weintraub, "Should We Tax Junk Foods to Curb Obesity?" *Forbes*, January 10, 2018, https://www. forbes.com/sites/arleneweintraub/2018/01/10/should-we-tax-junk-foods-to-curb-obesity/. 墨西哥和匈牙利已试行垃圾食品征税措施，参见 Julia Belluz, "Mexico and Hungary Tried Junk Food Taxes—and They Seem to Be Working," Vox, January 17, 2018 (updated April 6, 2018), https://www.vox.com/2018/1/17/16870014/junk-food-tax。

15. 这件事已发生："China's Hainan Province to End Fossil Fuel Car Sales in 2030," Phys.org, March 6, 2019, https://phys.org/news/2019-03-china-hainan-province-fossil-fuel.html。

16. 英国已出现此类事件：Tom Edwards, "ULEZ: The Most Radical Plan You've Never Heard Of," BBC News, March 26, 2019, https://www. bbc.com/news/uk-england-london-47638862。

17. Smart Energy International, "Storage Advancements Fast-Track New Power Projects, Experts Say," June 21, 2018, https://www.smart-energy. com/news/energy-storage-new-power-projects/.

18. Adela Spulber and Brett Smith, "Are We Building the Electric Vehicle Charging Infrastructure We Need?" *IndustryWeek,* November 21, 2018, https://www.industryweek.com/technology-and-iiot/are-we-building-electric-vehicle-charging-infrastructure-we-need.

19. Echo Huang, "By 2038, the World Will Buy More Passenger Electric Vehicles Than Fossil-Fuel Cars," Quartz, May 15, 2019, https:// qz.com/1618775/by-2038-sales-of-electric-cars-to-overtake-fossil-fuel-ones/; Jesper Berggreen, "The Dream Is Over—Europe Is Waking Up to

a World of Electric Cars," CleanTechnica, February 17, 2019, https://cleantechnica.com/2019/02/17/the-dream-is-over-europe-is-waking-up-to-a-world-of-electric-cars/.

20. 2019 年，我们已出现加速现象。参见 James Gilboy, "The Porsche Taycan Will Do Zero-to-60 in 3.5 Seconds," The Drive, August 17, 2018, https://www.thedrive.com/news/22984/the-porsche-taycan-will-do-zero-to-60-in-3-5-seconds。经典车的翻新改造已开始取得成功：Robert C. Yeager, "Vintage Cars with Electric-Heart Transplants," *New York Times*, January 10, 2019, https:// www.nytimes.com/2019/01/10/business/electric-conversions-classic-cars.html。

21. United Nations Department of Economic and Social Affairs, "68% of the World Population Projected to Live in Urban Areas by 2050, Says UN," May 16, 2018, https://www.un.org/development/desa/en/news/population/2018-revision-of-world-urbanization-prospects,html.

22. David Dudley, "The Guy from Lyft Is Coming for Your Car," CityLab, September 19, 2016, https://www.citylab.com/transportation/2016/09/the-guy-from-lyft-is-coming-for-your-car/500600/.

23. Annie Rosenthal, "How 3D Printing Could Revolutionize the Future of Development," Medium, May 1, 2018, https://medium.com/@plus_socialgood/how-3d-printing-could-revolutionize-the-future-of-development-54a270d6186d; Elizabeth Royte, "What Lies Ahead for 3-D Printing?" *Smithsonian*, May 2013, https:// www.smithsonianmag.com/science-nature/what-lies-ahead-for-3-d-printing-37498558/.

24. Marissa Peretz, "The Father of Drones' Newest Baby Is a Flying Car," *Forbes*, July 24, 2019, https://www.forbes.com/sites/marissaperetz/2019/07/24/the-father-of-drones-newest-baby-is-a-flying-car/.

25. 17 世纪到 19 世纪已开始流行 "减缓行动"，主要以 "壮游" 的形式开展。Richard Franks, "What Was the Grand Tour and Where Did People Go?" Culture Trip, December 4, 2017, https://theculturetrip.com/europe/articles/what-was-the-grand-tour-and-where-did-people-go/.

26. International Organization for Migration mission statement, https://www.iom.int/migration-and-climate-change-0. 还可参见 Erik Solheim and William Lacy Swing, "Migration and Climate Change Need to Be Tackled Together," United Nations Framework Convention on Climate Change, September 7, 2018, https://unfccc.int/news/migration-and-climate-change-need-to-be-tackled-together。

27. Richard B. Rood, "What Would Happen to the Climate If We Stopped Emitting Greenhouse Gases Today?" The Conversation, December 11, 2014. http://theconversation.com/what-would-happen-to-the-climate-if-we-stopped-emitting-greenhouse-gases-today-35011.

28. 3D 打印技术已经可以做到快速建造房子，参见 Adele Peters, "This House Can Be 3D-Printed for $4,000," *Fast Company,* March 12, 2018, https://www.fastcompany.com/40538464/this-house-can-be-3d-printed-for-4000.

第四章　我们选择的未来

1. Joanna Macy and Chris Johnstone, *Active Hope: How to Face the Mess We're in Without Going Crazy* (San Francisco: New World Library, 2012), 32.

第五章　强乐观思维

1. Kendra Cherry, "Learned Optimism," Verywell Mind, July 25, 2019, https://www.verywellmind.com/learned-optimism-4174101.

2. Jeremy Hodges, "Clean Energy Becomes Dominant Power Source in

U.K.," *Bloomberg*, June 20, 2019, https://www.bloomberg.com/news/articles/2019-06-20/clean-energy-is-seen-as-dominant-source-in-u-k-for-first-time.

3.　Jordan Davidson, "Costa Rica Powered by Nearly 100% Renewable Energy," EcoWatch, August 6, 2019, https://www.ecowatch.com/costa-rica-net-zero-carbon-emissions-2639681381.html.

4.　Sammy Roth, "California Set a Goal of 100% Clean Energy, and Now Other States May Follow Its Lead," *Los Angeles Times*, January 10, 2019, https://www.latimes.com/business/la-fi-100-percent-clean-energy-20190110-story.html.

5.　Václav Havel, *Disturbing the Peace: A Conversation with Karel Huizdala* (New York: Vintage Books, 1991), 181–82.

6.　Rebecca Solnit, *Hope in the Dark: Untold Histories, Wild Possibilities* (Chicago: Haymarket Books, 2016), 4.

第六章　充裕型思维

1.　Brad Lancaster, "Planting the Rain to Grow Abundance," lecture at TEDxTucson, March 6, 2017, https://www.youtube.com/watch?v=I2xDZlpInik.

2.　American Sociological Association, "In Disasters, Panic Is Rare; Altruism Dominates," ScienceDaily, August 8, 2002, https://www.sciencedaily.com/releases/2002/08/020808075321.htm.

3.　Therese J. Borchard, "How Giving Makes Us Happy," Psych Central, July 8, 2018, https://psychcentral.com/blog/how-giving-makes-us-happy/.

4.　Wikipedia, "November 2015 Paris Attacks," https://en.wikipedia.org/wiki/November_2015_Paris_attacks.

第七章　再生型思维

1. Richard Louv, *Last Child in the Woods: Saving Our Children from Nature-Deficit Disorder* (New York: Algonquin, 2005).

2. Gregory Bateson, *Steps to an Ecology of Mind* (Chicago: University of Chicago Press, 1972).

3. Daniel Christian Wahl, *Designing Regenerative Cultures* (Charmouth, UK: Triarchy Press, 2016), 267.

第八章　气候危机下的个人行动方案

1. 即使我们努力了，全球变暖的步伐也不会停止。参见 Ute Kehse, "Global Warming Doesn't Stop When the Emissions Stop," Phys. org, October 3, 2017, https://phys.org/news/2017-10-global-doesnt-emissions.html。

2. Caitlin E. Werrell and Francesco Femia, "Climate Change Raises Conflict Concerns," *UNESCO Courier*, no. 2 (2018), https://en.unesco.org/courier/2018-2/climate-change-raises-conflict-concerns.

3. "Germany on Course to Accept One Million Refugees in 2015," *Guardian* (U.S. edition), December 7, 2015, https://www.theguardian.com/world/2015/dec/08/germany-on-course-to-accept-one-million-refugees-in-2015.

4. Benedikt Peters, "5 Reasons for the Far Right Rising in Germany," *Süddeutsche Zeitung*, https://projekte.sueddeutsche.de/artikel/politik/afd-5-reasons-for-the-far-right-rising-in-germany-e403522/.

5. Drawdown 项目是重要的额外资源，它概括了 100 个抑制全球变暖的解决方案。

6. Reality Check team, "Reality Check: Which Form of Renewable Energy Is Cheapest?" BBC News, October 26, 2018, https://www.bbc.com/news/business-45881551.

7. Michael Savage, "End Onshore Windfarm Ban, Tories Urge," *Guardian* (U.S. edition), June 30, 2019, https://www.theguardian.com/ environment/2019/jun/30/tories-urge-lifting-off-onshore-windfarm-ban.

8. Shannon Hall, "Exxon Knew About Climate Change Almost 40 Years Ago," *Scientific American*, October 26, 2015, https://www.scientific american.com/article/exxon-Knew-about-climate-change-almost-40-years-ago/.

9. Sarah Pruitt, "How the Treaty of Versailles and German Guilt Led to World War II," History.com, June 29, 2018 (updated June 3, 2019), https://www.history.com/news/treaty-of-versailles-world-war-ii-german-guilt-effects.

10. S.P., "What, and Who, Are France's 'Gilets Jaunes'?" *Economist*, November 27, 2018, https://www.economist.com/the-economist-explains/2018/11/27/what-and-who-are-frances-gilets-jaunes.

11. Alex Birkett, "Online Manipulation: All the Ways You're Currently Being Deceived," Conversion XL, November 19, 2015 (updated February 7, 2019), https://conversionxl.com/blog/online-manipulation-all-the-ways-youre-currently-being-deceived/.

12. Stephanie Pappas, "Shrinking Glaciers Point to Looming Water Shortages," Live Science, December 8, 2011, https://www.livescience.com/17379-shrinking-glaciers-water-shortages.html.

13. Bridget Alex, "Artic [*sic*] Meltdown: We're Already Feeling the Consequences of Thawing Permafrost," *Discover*, June 2018, http://discover magazine.com/2018/jun/something-stirs.

14. Fern Riddell, "Suffragettes, Violence and Militancy," British Library, February 6, 2018, https://www.bl.uk/votes-for-women/articles/suffra gettes-violence-and-militancy.

15. Office of the Historian, Department of State, "The Collapse of the

Soviet Union," https://history.state.gov/milestones/1989-1992/collapse-soviet-union.

16. "Futurama: 'Magic City of Progress'" in *World's Fair: Enter the World of Tomorrow,* Biblion, http://exhibitions.nypl.org/biblion/worldsfair/enter-world-tomorrow-futurama-and-beyond/story/story-gmfuturama.

17. Abby Norman, "Aliens, Autonomous Cars, and AI: This Is the World of 2118," Futurism.com, January 11, 2018, https://futurism.com/2118-century-predictions; Matthew Claudel and Carlo Ratti, "Full Speed Ahead: How the Driverless Car Could Transform Cities," McKinsey & Company, August 2015, https://www.mckinsey.com/business-functions/sustainability/our-insights/full-speed-ahead-how-the-driverless-car-could-transform-cities.

18. Brad Plumer, "Cars Take Up Way Too Much Space in Cities. New Technology Could Change That," Vox, 2016, https://www.vox.com/a/new-economy-future/cars-cities-technologies; Vanessa Bates Ramirez, "The Future of Cars Is Electric, Autonomous, and Shared—Here's How We'll Get There," Singularity Hub, August 23, 2018, https://singularity hub.com/2018/08/23/the-future-of-cars-is-electric-autonomous-and-shared-heres-how-well-get-there/.

19. Tim Walker, "Maya Angelou Dies: 'You May Encounter Many Defeats, but You Must Not Be Defeated,'" *Independent*, May 28, 2014, https://www.independent.co.uk/news/people/maya-angelou-dies-you-may-encounter-many-defeats-but-you-must-not-be-defeated-9449234.html.

20. "Martin Luther King Jr.—Biography," NobelPrize.org, https://www.nobelprize.org/prizes/peace/1964/king/biographical.

21. Jonathan Swift, "The Art of Political Lying," *The Examiner,* Nov. 9, 1710, https://www.bartleby.com/209/633.html.

22. Soroush Vosoughi, Deb Roy, and Sinan Aral, "The Spread of True and

False News Online," *Science*, March 9, 2018, https://science.sciencemag. org/content/359/6380/1146.full.

23. Carolyn Gregoire, "The Psychology of Materialism, and Why It's Making You Unhappy," *Huffington Post,* December 15, 2013 (updated December 7, 2017), https://www.huffpost.com/entry/psychology-materialism_n_4425982.

24. Encyclopaedia Britannica Online, "Confirmation Bias," https://www. britannica.com/science/confirmation-bias.

25. Ben Webster, "Britons Buy a Suitcase Full of New Clothes Every Year," *Times* (UK), October 5, 2018, https://www.thetimes.co.uk/article/ britons-buy-a-suitcase-full-of-new-clothes-every-year-wxws895qd.

26. United Nations Climate Change News, "UN Helps Fashion Industry Shift to Low Carbon," United Nations Framework Convention on Climate Change, September 6, 2018, https://unfccc.int/news/un-helps-fashion-industry-shift-to-low-carbon.

27. Al Gore, *The Future: Six Drivers of Global Change* (New York: Random House, 2013), 159.

28. Christina Gough, "Super Bowl Average Costs of a 30-Second TV Advertisement from 2002 to 2019 (in Million U.S. Dollars)," Statista, August 9, 2019, https://www.statista.com/statistics/217134/total-advertisement-revenue-of-super-bowls/.

29. Garett Sloane, "Amazon Makes Major Leap in Ad Industry with $10 Billion Year," AdAge, January 31, 2019, https://adage.com/article/ digital/amazon-makes-quick-work-ad-industry-10-billion-year/316468.

30. A. Guttmann, "Global Advertising Market—Statistics & Facts," Statista, July 24, 2018, https://www.statista.com/topics/990/global-advertising-market/.

31. 有关本研究的概括性文件，参见 Tori DeAngelis, "Consumerism

and Its Discontents," American Psychological Association, June 2004, https://www.apa.org/monitor/jun04/discontents。

32. 同上。

33. Tony Seba and James Arbib, "Are We Ready for the End of Individual Car Ownership?" *San Francisco Chronicle,* July 10, 2017, https://www.sfchronicle.com/opinion/openforum/article/Are-we-ready-for-the-end-of-individual-car-11278535.php.

34. 有关该内容的文章和博客，参见 Hans-Werner Kaas, Detlev Mohr, and Luke Collins, "Self-Driving Cars and the Future of the Auto Sector," McKinsey & Company, August 2016, https://www.mckinsey.com/industries/automotive-and-assembly/our-insights/self-driving-cars-and-the-future-of-the-auto-sector。

35. Rosie McCall, "Millions of Fossil Fuel Dollars Are Being Pumped into Anti-Climate Lobbying," IFLScience, March 22, 2019, https://www.iflscience.com/environment/millions-of-fossil-fuel-dollars-are-being-pumped-into-anticlimate-lobbying/.

36. Eliot Whittington, "How Big Are Fossil Fuel Subsidies?" Cambridge Institute for Sustainability Leadership, https://www.cisl.cam.ac.uk/business-action/low-carbon-transformation/eliminating-fossil-fuel-subsidies/how-big-are-fossil-fuel-subsidies.

37. Global Studies Initiative, "What We Do: Fossil Fuel Subsidies and Climate Change," International Institute for Sustainable Development, https://www.iisd.org/gsi/what-we-do/focus-areas/renewable-energy-subsidies-fossil-fuel-phase-out.

38. Mark Carney, "Breaking the Tragedy of the Horizon—Climate Change and Financial Stability," speech given at Lloyd's of London, September 29, 2015, https://www.fsb.org/wp-content/uploads/Breaking-the-Tragedy-of-the-Horizon-%E2%80%93-climate-change-and-financial-

stability.pdf.

39. 央行与监管机构绿色金融网的官方网址：https://www.ngfs.net/en。See *A Call for Action: Climate Change as a Source of Financial Risk* (NGFS, April 2019), www.banque-france.fr/en/financial-stability/international-role/network-greening-financial-system.

40. Moody's, "Moody's Acquires RiskFirst, Expanding Buy-Side Analytics Capabilities," press release, July 25, 2019, https://ir.moodys.com/news-and-financials/press-releases/press-release-details/2019/Moodys-Acquires-RiskFirst-Expanding-Buy-Side-Analytics-Capabilities/default.aspx.

41. Fatih Birol, "Renewables 2018: Market Analysis and Forecast from 2018 to 2023," International Energy Agency, October 2018, https://www.iea.org/renewables2018/.

42. RE100, "Companies," http://there100.org/companies.

43. David Roberts, "Utilities Have a Problem: The Public Wants 100% Renewable Energy, and Quick," Vox, October 11, 2018, https://www.vox.com/energy-and-environment/2018/9/14/17853884/utilities-renewable-energy-100-percent-public-opinion.

44. Stefan Jungcurt, "IRENA Report Predicts All Forms of Renewable Energy Will Be Cost Competitive by 2020," SDG Knowledge Hub, January 16, 2018, http://sdg.iisd.org/news/irena-report-predicts-all-forms-of-renewable-energy-will-be-cost-competitive-by-2020/.

45. United Nations Climate Change, "IPCC Special Report on Global Warming of 1.5℃," United Nations Framework Convention on Climate Change, https://unfccc.int/topics/science/workstreams/cooperation-with-the-ipcc/ipcc-special-report-on-global-warming-of-15-degc.

46. Sunday Times Driving, "10 Electric Cars with 248 Miles or More Range to Buy Instead of a Diesel or Petrol," *Sunday Times* (UK), July 1, 2019, https://www.driving.co.uk/news/10-electric-cars-248-miles-range-buy-

instead-diesel-petrol/.

47. Christine Negroni, "How Much of the World's Population Has Flown in an Airplane?" *Air & Space*, January 6, 2016, https://www.airspacemag.com/daily-planet/how-much-worlds-population-has-flown-airplane-180957719/. 空气安全专家汤姆·法里尔在果壳问答网做了最初的分析：Farrier, "What Percent of the World's Population Will Fly in an Airplane in Their Lives?" Quora, December 13, 2013, https://www.quora.com/What-percent-of-the-worlds-population-will-fly-in-an-airplane-in-their-lives。

48. Liz Goldmanand Mikaela Weisse, "Technical Blog: Global Forest Watch's 2018 Data Update Explained," Global Forest Watch, April 25, 2019, https://blog.globalforestwatch.org/data-and-research/technical-blog-global-forest-watchs-2018-data-update-explained; Gabriel daSilva, "World Lost 12 Million Hectares of Tropical Forest in 2018," Ecosystem Marketplace, April 25, 2019, https://www.ecosystemmarketplace.com/articles/world-lost-12-million-hectares-tropical-forest-2018/.

49. Rhett A. Butler, "Beef Drives 80% of Amazon Deforestation," Mongabay, January 29, 2009, https://news.mongabay.com/2009/01/beef-drives-80-of-amazon-deforestation/. 完整的报告见：Greenpeace Amazon, "Amazon Cattle Footprint, Mato Grosso: State of Destruction," February 2010, https://www.greenpeace.org/usa/wp-contentuploads/legacy/Global/usa/report/2010/2/amazon-cattle-footprint.pdf。

50. Herton Escobar, "Deforestation in the Amazon Is Shooting Up, but Brazil's President Calls the Data 'a Lie,'" *Science*, July 28, 2019, https://www.sciencemag.org/news/2019/07/deforestation-amazon-shooting-brazil-s-president-calls-data-lie.

51. David Tilman, Michael Clark, David R. Williams, et al., "Future

Threats to Biodiversity and Pathways to Their Prevention," *Nature* 546, (June 1, 2017): 73–81, https://www.nature.com/articles/nature22900; Jonathan A. Foley, Navin Ramankutty, Kate A. Brauman, et al., "Solutions for a Cultivated Planet," *Nature* 478 (October 12, 2011): 337–42, https://www.nature.com/articles/nature10452.

52. EATForum, "The EAT-Lancet Commission on Food, Planet, Health," https://eatforum.org/eat-lancet-commission/.

53. Jean-Francois Bastin, Yelena Finegold, Claude Garcia, et al., "The Global Tree Restoration Potential," *Science* 365, no. 6448 (July 5, 2019): 76–79, https://science.sciencemag.org/content/365/6448/76.

54. 同上。

55. World Agroforestry, "New Look at Satellite Data Quantifies Scale of China's Afforestation Success," press release, May 5, 2017, https://www.worldagroforestry.org/news/new-look-satellite-data-quantifies-scale-chinas-afforestation-success.

56. United Nations Environment Programme, "Ethiopia Plants over 350 Million Trees in a Day, Setting New World Record," August 2, 2019, https://www.unenvironment.org/news-and-stories/story/ethiopia-plants-over-350-million-trees-day-setting-new-world-record.

57. Roland Ennos, "Can Trees Really Cool Our Cities Down?" The Conversation, December 22, 2015, http://theconversation.com/can-trees-really-cool-our-cities-down-44099.

58. Amy Fleming, "The Importance of Urban Forests: Why Money Really Does Grow on Trees," *Guardian* (U.S. edition), October 12, 2016, https://www.theguardian.com/cities/2016/oct/12/importance-urban-forests-money-grow-trees.

59. 历史上，人类的食肉量在不同阶段各不相同，但总体均少于现在的食肉量。史前人类偶尔食用腐肉，而古希腊人和古罗马人每年人均消耗 20~30 千克肉类。中世纪的欧洲人每年人均消耗 40 千克肉类，而在鼠疫后的文艺复兴时期，人均肉类消耗量为 110 千克。在工业革命期间，每年人均肉类消耗量下降到仅 14 千克。Tomorrow Today, "A History of Meat Consumption," video, Deutsche Welle, January 18, 2019, https://www.dw.com/en/a-history-of-meat-consumption/av-47130648. 工业化及冷冻技术出现之后，全球肉类消耗量稳步增长，从 1960 年的人均 20 千克上升到今天的人均 40 千克。高收入国家的肉类消耗量最高（澳大利亚排名第一，2013 年，其人均食肉量约为 116 千克）。欧洲和北美洲的人均肉类消耗量分别为接近 80 千克和 110 千克以上。(Hannah Ritchie and Max Roser, "Meat and Dairy Production," Our World in Data, August 2017, https://ourworldindata.org/meat-and-seafood-production-consumption.)

60. Areeba Hasan, "Signal of Change: AT Kearney Expects Alternative Meats to Make Up 60% Market in 2040," Futures Centre, July 16, 2019, https://www.thefuturescentre.org/signals-of-change/224145/kearney-expects-alternative-meats-make-60-market-2040.

61. Paul Armstrong, "Greenpeace, Nestlé in Battle over Kit Kat Viral," CNN, March 20, 2010, http://edition.cnn.com/2010/WORLD/asiapcf/03/19/indonesia.rainforests.orangutan.nestle/index.html.

62. Greenpeace International, "Nestlé Promise Inadequate to Stop Defor-estation for Palm Oil," press release, September 14, 2018, https://www.greenpeace.org/international/press-release/18400/nestle-promise-inadequate-to-stop-deforestation-for-palm-oil/. 有关雀巢的困境及其应对措施的更多信息，请参见 Aileen Ionescu-Somers and Albrecht Enders, "How Nestlé Dealt with a Social Media Campaign Against It," *Financial Times*, December 3, 2012, https://www.ft.com/content/90dbff8a-3aea-11e2-b3f0-00144feabdc0。

63. 有关该主题的两篇文章，参见 Jonathan Rowe and Judith Silverstein, "The GDP Myth," JonathanRowe.org, http://jonathanrowe.org/the-gdp-myth, 最初出版于 *Washington Monthly*, March 1, 1999; 以及 Stephen Letts, "The GDP Myth: The Planet's Measure for Economic Growth Is Deeply Flawed and Outdated," ABC.net.au, June 2, 2018, https://www.abc.net.au/news/2018-06-02/gdp-flawed-and-out-of-date-why-still-use-it/9821402。

64. United Nations, "About the Sustainable Development Goals," https://www.un.org/sustainabledevelopment/sustainable-development-goals/. 这些目标是：消除贫困，消除饥饿，良好健康与福祉，优质教育，性别平等，清洁饮水与卫生设施，廉价和清洁能源，体面工作和经济增长，工业、创新和基础设施，缩小差距，可持续城市和社区，负责任的消费和生产，气候行动，水下生物，陆地生物，和平、正义与强大机构，促进目标实现的伙伴关系。

65. Dieter Holger, "Norway's Sovereign-Wealth Fund Boosts Renewable Energy, Divests Fossil Fuels," *Wall Street Journal*, June 12, 2019, https://www.wsj.com/articles/norways-sovereign-wealth-fund-boosts-renewable-energy-divests-fossil-fuels-11560357485.

66. 350.org, "350 Campaign Update: Divestment," https://350.org/350-campaign-update-divestment/.

67. Chris Mooney and Steven Mufson, "How Coal Titan Peabody, the World's Largest, Fell into Bankruptcy," *Washington Post*, April 13, 2016, https://www.washingtonpost.com/news/energy-environment/wp/2016/04/13/coal-titan-peabody-energy-files-for-bankruptcy/.

68. 350.org, "Shell Annual Report Acknowledges Impact of Divestment Campaign," press release, June 22, 2018, https://350.org/press-release/shell-report-impact-of-divestment/.

69. Ceri Parker, "New Zealand Will Have a New 'Well-being Budget,' Says

Jacinda Ardern," *World Economic Forum*, January 23, 2019, https://www.weforum.org/agenda/2019/01/new-zealand-s-new-well-being-budget-will-fix-broken-politics-says-jacinda-ardern/.

70. Enter Costa Rica, "Costa Rica Education," https://www.entercostarica.com/travel-guide/about-costa-rica/education.

71. World Bank, "Accounting Reveals That Costa Rica's Forest Wealth Is Greater Than Expected," May 31, 2016, https://www.worldbank.org/en/news/feature/2016/05/31/accounting-reveals-that-costa-ricas-forest-wealth-is-greater-than-expected.

72. 参见 http://happyplanetindex.org/countries/costa-rica。

73. 有关人工智能的有用介绍，参见 Snips, "A 6-Minute Intro to AI," https://snips.ai/content/intro-to-ai/#ai-metrics。

74. David Silver and Demis Hassabis, "AlphaGo Zero: Starting from Scratch," DeepMind, October 18, 2017, https://deepmind.com/blog/alphago-zero-learning-scratch/.

75. DeepMind, https://deepmind.com/.

76. Rupert Neate, "Richest 1% Own Half the World's Wealth, Study Finds,"*Guardian* (U.S. edition), November 14, 2017, https://www.theguardian.com/inequality/2017/nov/14/worlds-richest-wealth-credit-suisse.

77. Amy Sterling, "Millions of Jobs Have Been Lost to Automation. Economists Weigh In on What to Do About It," *Forbes*, June 15, 2019, https://www.forbes.com/sites/amysterling/2019/06/15/automated-future/.

78. Trading Economics, "Brazil—Employment in Agriculture (% of Total Employment)," https://tradingeconomics.com/brazil/employment-in-agriculture-percent-of-total-employment-wb-data.html.

79. 更多信息参见 Olivia Gagan, "Here's How AI Fits into the Future of Energy," World Economic Forum, May 25, 2018, https://www.weforum.

org/agenda/2018/05/how-ai-can-help-meet-global-energy-demand。

80. David Rolnick, Priya L. Donti, Lynn H. Kaack, et al., "Tackling Climate Change with Machine Learning," Arxiv, June 10, 2019, https://arxiv.org/pdf/1906.05433.pdf.

81. PricewaterhouseCoopers, "What Doctor? Why AI and Robotics Will Define New Health," April 11, 2017, https://www.pwc.com/gx/en/industries/healthcare/publications/ai-robotics-new-health/ai-robotics-new-health.pdf.

82. Nicolas Miailhe, "AI & Global Governance: Why We Need an Intergovernmental Panel for Artificial Intelligence," United Nations University Centre for Policy Research, December 10, 2018, https://cpr.unu.edu/ai-global-governance-why-we-need-an-intergovernmental-panel-for-artificial-intelligence.html.

83. Tom Simonite, "Canada, France Plan Global Panel to Study the Effects of AI," *Wired,* December 6, 2018, https://www.wired.com/story/canada-france-plan-global-panel-study-ai/.

84. Richard Evans and Jim Gao, "DeepMind AI Reduces Google Data Centre Cooling Bill by 40%," DeepMind, July 20, 2016, https://deepmind.com/blog/deepmind-ai-reduces-google-data-centre-cooling-bill-40/.

85. United Nations Division for the Advancement of Women (UNDAW), "Equal Participation of Women and Men in Decision-Making Processes, with Particular Emphasis on Political Participation and Leadership," report of the Expert Group Meeting, October 24–25, 2005; Kathy Caprino, "How Decision-Making Is Different Between Men and Women and Why It Matters in Business," *Forbes*, May 12, 2016, https://www.forbes.com/sites/kathycaprino/2016/05/12/how-decision-making-is-different-between-men-and-women-and-why-it-matters-in-business/; Virginia Tech, "Study Finds Less Corruption in Countries Where More

Women Are in Government," ScienceDaily, June 15, 2018, https://www.sciencedaily.com/releases/2018/06/180615094850.htm.

86. United Nations Climate Change News, "5 Reasons Why Climate Action Needs Women," United Nations Framework Convention on Climate Change, April 2, 2019, https://unfccc.int/news/5-reasons-why-climate-action-needs-women; Emily Dreyfuss, "Here's a Way to Fight Climate Change: Empower Women," *Wired*, December 3, 2018, https://www.wired.com/story/heres-a-way-to-fight-climate-change-empower-women/.

87. Thais Compoint, "10 Key Barriers for Gender Balance (Part 2 of 3)," Déclic International, March 5, 2019, https://declicinternational.com/key-barriers-gender-balance-2/.

88. Anne Finucane and Anne Hidalgo, "Climate Change Is Everyone's Problem. Women Are Ready to Solve It," *Fortune*, September 12, 2018, https://fortune.com/2018/09/12/climate-change-sustainability-women-leaders/.

89. Drawdown 项目。

90. 同上。

91. Brand New Congress, https://brandnewcongress.org/.

92. Andrea González-Ramírez, "The Green New Deal Championed by Alexandria Ocasio-Cortez Gains Momentum," Refinery29, February 7, 2019, https://www.refinery29.com/en-us/2018/12/219189/alexandria-ocasio-cortez-green-new-deal-climate-change. 关于女性团结一致及认可美国女性政治家在女权运动中的表现：Sirena Bergman, "State of the Union: How Congresswomen Used Their Outfits to Make a Statement at Trump's Big Address," *Independent*, February 6, 2019, https://www.independent.co.uk/life-style/women/trump-state-union-women-ocasio-cortez-pelosi-suffragette-white-a8765371.html。

93. Natural Resources Defense Council, "Salt of the Earth, Courtesy of

the Sun," January 30, 2019, https://www.nrdc.org/stories/salt-earth-courtesy-sun.

94. Solar Sister, https://solarsister.org.

95. Laurie Goering, "Climate Pressures Threaten Political Stability—Security Experts," Reuters, June 24, 2015, https://uk.reuters.com/article/climatechange-security-politics/climate-pressures-threaten-political-stability-security-experts-idUKL8N0ZA2H220150624.

96. Laura McCamy, "Companies Donate Millions to Political Causes to Have a Say in the Government—Here Are 10 That Have Given the Most in 2018," *Business Insider France,* October 13, 2018, http://www.businessinsider.fr/us/companies-are-influencing-politics-by-donating-millions-to-politicians-2018-9.

97. Influence Map, "National Association of Manufacturers (NAM)," https://influencemap.org/influencer/National-Association-of-Manufacturing-NAM.

98. 关于美国的情况，可参见 Andy Stone, "Climate Change: A Real Force in the 2020 Campaign?" *Forbes,* July 25, 2019, https://www.forbes.com/sites/andystone/2019/07/25/climate-change-a-real-force-in-the-2020-campaign/。

99. 有关"反抗灭绝"组织的更多详情，请访问他们的网站：https://rebellion.earth/。Brian Doherty, Joost de Moor, and Graeme Hayes, "The 'New' Climate Politics of Extinction Rebellion?" openDemocracy, November 27, 2018, https://www.opendemocracy.net/en/new-climate-politics-of-extinction-rebellion/.

100. 有关公众抵制的更多信息，请参见 "Civil Disobedience," ScienceDirect, https://www.sciencedirect.com/topics/computer-science/civil-disobedience.

101. Erica Chenoweth, "The '3.5% Rule': How a Small Minority Can Change the World," Carr Center for Human Rights Policy, May 14, 2019,

https://carrcenter.hks.harvard.edu/news/35-rule-how-small-minority-can-change-world.

102. Fridays for Future, https://www.fridaysforfuture.org/.

103. Jonathan Watts, "'Biggest Compliment Yet': Greta Thunberg Welcomes Oil Chief's 'Greatest Threat' Label," *Guardian* (U.S. edition), July 5, 2019, https://www.theguardian.com/environment/2019/jul/05/biggest-compliment-yet-greta-thunberg-welcomes-oil-chiefs-greatest-threat-label.

结语　一个崭新的故事

1. 有关美国国家航空与航天局的人造地球卫星的更多信息，参见 National Aeronautics and Space Administration, "Sputnik and the Dawn of the Space Age," October 10, 2007, https://history.nasa.gov/sputnik/。

2. 有关《五十年后》演讲的详情，参见 Marina Koren, "What John F. Kennedy's Moon Speech Means 50 Years Later," *The Atlantic*, July 15, 2019, https://www.theatlantic.com/science/archive/2019/07/apollo-moon-landing-jfk-speech/593899/。

3. Space Center Houston, "Photo Gallery: Apollo-Era Flight Controllers," July 2, 2019, https://spacecenter.org/photo-gallery-apollo-era-flight-controllers/.

4. 有关"刺杀肯尼迪和看门人"事件及其灵感和动机，参见 Zach Mercurio, "What Every Leader Should Know About Purpose," *Huffington Post,* February 20, 2017, https://www.huffpost.com/entry/what-every-leader-should-know-about-purpose_b_58ab103fe4b026a89a7a2e31。

参考书目和延伸阅读书目

气候问题

Archer, David. *The Long Thaw: How Humans Are Changing the Next 100,000 Years of Earth's Climate*. Princeton, N.J.: Princeton Science Library, 2016.

Carson, Rachel. *Silent Spring*. New York: Mariner Books, 1962.

Evans, Alex. *The Myth Gap: What Happens When Evidence and Arguments Aren't Enough*. Bodelva, Cornwall, UK: Eden Project Books, 2017.

Ghosh, Amitav. *The Great Derangement: Climate Change and the Unthinkable*. Chicago: University of Chicago Press, 2017.

Goodell, Jeff. *The Water Will Come: Rising Seas, Sinking Cities, and the Remaking of the Civilized World*. New York: Back Bay Books, 2018.

Hansen, James. *Storms of My Grandchildren: The Truth About the Coming Climate Catastrophe and Our Last Chance to Save Humanity*. New York: Bloomsbury, 2010.

Henson, Robert. *The Rough Guide to Climate Change*. London; Rough Guides, 2011.

Jamail, Dahr. *The End of Ice: Bearing Witness and Finding Meaning in the Path of Climate Disruption*. New York: New Press, 2019.

Jamieson, Dale. *Reason in a Dark Time: Why the Struggle Against Climate Change Failed—And What It Means for Our Future*. Oxford: Oxford University Press, 2014.

Keeling, Charles. "The Concentration and Isotopic Abundances of Carbon Dioxide in the Atmosphere." *Tellus* 12, no. 2 (1960). https://onlinelibrary.wiley.com/doi/epdf/10.1111/j.2153-3490.1960.tb01300.x.

Kolbert, Elizabeth. *Field Notes from a Catastrophe: Man, Nature, and Climate Change*. New York: Bloomsbury, 2015.

Lancaster, John. *The Wall: A Novel*. New York: W. W. Norton, 2019.

Lynas, Mark. *Six Degrees: Our Future on a Hotter Planet*. Boone, Iowa: National Geographic, 2008.

Masson-Delmotte, V., P. Zhai, H.-O. Pörtner, D. Roberts, J. Skea, P. R. Shukla, A. Pirani, W. Moufouma-Okia, C. Péan, R. Pidcock, S. Connors, J. B. R. Matthews, Y. Chen, X. Zhou, M. I. Gomis, E. Lonnoy, T. Maycock, M. Tignor, and T. Waterfield, eds. *Global Warming of 1.5°C. An IPCC Special Report on the Impacts of Global Warming of 1.5°C Above Pre-Industrial Levels and Related Global Greenhouse Gas Emission Pathways, in the Context of Strengthening the Global Response to the Threat of Climate Change, Sustainable Development, and Efforts to Eradicate Poverty*. In press.

Moellendorf, Darrell. "Progress, Destruction, and the Anthropocene." *Social Philosophy and Policy* 34, no. 2 (2017): 66–88.

Wallace-Wells, David. *The Uninhabitable Earth: Life After Warming*. New York: Tim Duggan Books, 2019.

设计未来：政治、社会、技术和文化的变化

Davey, Edward. *Given Half a Chance: Ten Ways to Save the World*. London: Unbound, 2019.

Franklin, Daniel. *Mega Tech: Technology in 2050*. London: Economist Books, 2017.

Gold, Russell. *Superpower: One Man's Quest to Transform American Energy*. New York: Simon and Schuster, 2019.

Harvey, Hal. *Designing Climate Solutions: A Policy Guide for Low-Carbon Energy*. Washington, D.C.: Island Press, 2018.

Hawken, Paul, ed. *Drawdown: The Most Comprehensive Plan Ever Proposed to Reverse Global Warming*. London: Penguin Books, 2017.

Latour, Bruno. *Down to Earth: Politics in the New Climate Regime*. Cambridge, UK: Polity Press, 2018.

Leicester, Graham. *Transformative Innovation: A Guide to Practice and Policy*. Charmouth, UK: Triarchy Press, 2016.

Lovelock, James. *The Vanishing Face of Gaia: A Final Warning*. London: Penguin, 2010.

McKibben, Bill. *Falter: Has the Human Game Begun to Play Itself Out?* New York: Henry Holt, 2019.

O'Hara, Maureen, and Graham Leicester. *Dancing at the Edge, Competence, Culture and Organization in the 21st Century*. Charmouth, UK: Triarchy Press, 2012.

Robinson, Mary. *Climate Justice: Hope, Resilience, and the Fight for a Sustainable Future*. London: Bloomsbury, 2018.

Sachs, Jeffrey D. *The Age of Sustainable Development*. New York: Columbia University Press, 2015.

Sahtouris, Elisabet. *Gaia: The Story of Earth and Us*. Scotts Valley, Calif.: CreateSpace Independent Publishing Platform, 2018.

Smith, Bren. *Eat Like a Fish: My Adventures as a Fisherman Turned Restorative Ocean Farmer*. New York: Knopf, 2019.

Snyder, Timothy. *On Tyranny: Twenty Lessons from the Twentieth Century*. New York: Tim Duggan Books, 2017.

Wahl, Daniel Christian. *Designing Regenerative Cultures*. Charmouth, UK: Triarchy Press, 2016.

Walsh, Bryan. *End Times: A Brief Guide to the End of the World*. London: Hachette Books, 2019.

Wheatley, Margaret J. *Leadership and the New Science: Discovering Order in a Chaotic World*. Oakland, Calif.: Berrett-Koehler, 2006.

经济

Assadourian, Erik. "The Rise and Fall of Consumer Cultures." In Worldwatch Institute, ed., *State of the World 2010: Transforming Cultures from Consumerism to Sustainability*. New York: W. W. Norton, 2010.

Jackson, Tim. *Prosperity Without Growth: Economics for a Finite Planet*. London: Routledge Earthscan, 2009.

Klein, Naomi. *On Fire: The (Burning) Case for a Green New Deal*. New York: Simon and Schuster, 2019.

Klein. Naomi. *This Changes Everything: Capitalism vs. the Climate*. New York: Simon and Schuster, 2015.

Lovins, L. Hunter, Stewart Wallis, Anders Wijkman, and John Fullerton. *A Finer Future: Creating an Economy in Service to Life*. Philadelphia: New Society, 2018.

Meadows, Donella H., Dennis L. Meadows, Jørgen Randers, and William W. Behrens III. *Limits to Growth: The 30-Year Update*. Chelsea, Vt.: Chelsea Green, 2004.

Nordhaus, William. *The Climate Casino: Risk, Uncertainty, and Economics for a Warming World*. New Haven, Conn.: Yale University Press, 2015.

Raworth, Kate. *Doughnut Economics: Seven Ways to Think Like a 21st-Century Economist*. New York: Random House, 2017.

Rowland, Deborah. *Still Moving: How to Lead Mindful Change*. New York: Wiley Blackwell, 2017.

个人行动和活动的发起

Bateson, Gregory. *Steps to an Ecology of Mind*. New York: Chandler, 1972.

Berners-Lee, Mike. *There Is No Planet B: A Handbook for the Make or Break Years*. Cambridge, UK: Cambridge University Press, 2019.

Extinction Rebellion. *This Is Not a Drill: An Extinction Rebellion Handbook*. London: Penguin, 2019.

Foer, Jonathan Safran. *We Are the Weather: Saving the Planet Begins at Break-

fast. New York: Farrar, Straus and Giroux, 2019.

Friedman, Thomas L. *Thank You for Being Late: An Optimist's Guide to Thriving in the Age of Acceleration*. New York: Farrar, Straus and Giroux, 2016.

Havel, Václav. *Disturbing the Peace: A Conversation with Karel Huizdala*. New York: Vintage Books, 1991.

Louv, Richard. *Last Child in the Woods: Saving Our Children from Nature-Deficit Disorder*. New York: Algonquin, 2005.

Macy, Joanna, and Chris Johnstone. *Active Hope: How to Face the Mess We're in Without Going Crazy*. San Francisco: New World Library, 2012.

Mandela, Nelson. *A Long Walk to Freedom*. New York: Time Warner Books, 1995.

Martinez, Xiuhtezcatl. *We Rise: The Earth Guardians Guide to Building a Movement That Restores the Planet*. New York: Rodale Books, 2018.

Plous, Scott. *The Psychology of Judgment and Decision Making*. Philadelphia: Temple University Press, 1993.

Quinn, Robert E. *Building the Bridge As You Walk on It: A Guide for Leading Change*. Greensboro, N.C.: Jossey-Bass, 2004.

Scranton, Roy. *Learning to Die in the Anthropocene: Reflections on the End of Civilization*. San Francisco: City Lights, 2015.

Seligman, Martin E. P. *Learned Optimism: How to Change Your Mind and Your Life*. London: Vintage, 2006.

Sharpe, Bill. *Three Horizons: The Patterning of Hope*. Charmouth, UK: Triarchy Press, 2013.

Solnit, Rebecca. *Hope in the Dark: Untold Histories, Wild Possibilities*. Chicago: Haymarket Books, 2016.

Thunberg, Greta. *No One Is Too Small to Make a Difference*. London: Penguin, 2019.

Wheatley, Margaret J. *Who Do We Choose to Be? Facing Reality, Claiming*

Leadership, Restoring Sanity. Oakland, Calif.: Berrett-Koehler, 2017.

自然

Baker, Nick. *ReWild: The Art of Returning to Nature.* London: Aurum, 2017.

Brown, Gabe. *Dirt to Soil: One Family's Journey into Regenerative Agriculture.* London: Chelsea Green, 2018.

Eisenstein, Charles. *Climate: A New Story.* Berkeley, Calif.: North Atlantic Books, 2018.

Glassley, William E. *A Wilder Time: Notes from a Geologist at the Edge of the Greenland Ice.* New York: Bellevue Literary Press, 2018.

Kolbert, Elizabeth. *The Sixth Extinction: An Unnatural History.* London: Picador, 2015.

Monbiot, George. *Feral: Rewilding the Land, Sea and Human Life.* London: Penguin, 2015.

Oakes, Lauren E. *In Search of the Canary Tree: The Story of a Scientist, a Cypress, and a Changing World.* New York: Basic Books, 2018.

Simard, Suzanne. *Finding the Mother Tree.* London: Penguin Random House, 2020.

Tree, Isabella. *Wilding: The Return of Nature to a British Farm.* London: Picador, 2018.

Wohlleben, Peter. *The Hidden Life of Trees: What They Feel, How They Communicate—Discoveries from a Secret World.* Vancouver, B.C.: Greystone Books, 2016.

Wulf, Andrea. *The Invention of Nature: Alexander von Humboldt's New World.* New York: Vintage, 2015.